地质科普丛书
DIZHI KEPU CONGSHU

总主编 杜春兰
副总主编 任良治 蒋文明

CHONGQING DIZHI ZHIZUI

重庆地质之最

重庆市地勘局208水文地质工程地质队
重庆市地质灾害防治工程勘查设计院 组编

主编 胡以德 副主编 罗向奎

重庆大学出版社

图书在版编目（CIP）数据
重庆地质之最 / 胡以德主编. -- 重庆：重庆大学出版社, 2017.7
（地质科普丛书）
ISBN 978-7-5689-0695-1
Ⅰ. ①重… Ⅱ. ①胡… Ⅲ. ①区域地质—重庆—普及读物 Ⅳ. ①P512.719-49
中国版本图书馆CIP数据核字（2017）第180259号

重庆地质之最

总 主 编　杜春兰
副总主编　任良治　蒋文明
主　　编　胡以德
副 主 编　罗向奎
责任编辑：林青山　　版式设计：黄俊棚
责任校对：邹　忌　　责任印制：赵　晟

重庆大学出版社出版发行
出版人：易树平
社　址：重庆市沙坪坝区大学城西路21号
邮　编：401331
电　话：（023）88617190　88617185（中小学）
传　真：（023）88617186　88617166
网　址：http://www.cqup.com.cn
邮　箱：fxk@cqup.com.cn（营销中心）
全国新华书店经销
重庆魏承印务有限公司印刷

开本：787mm × 1092mm　1/16　印张：8　字数：111千
2017年8月第1版　2017年8月第1次印刷
ISBN 978-7-5689-0695-1　定价：38.00元

序言

地质学是研究地球的物质组成、内部构造、外部特征及形成原因的一门自然科学。地质工作者通过各种勘查、调查手段，为国家提供矿产资源、水文水资源数据，为工程建设提供岩土勘查的基础数据。由于他们是先行者、是探索者，总是最先发现那些与地质作用有关的美景，发现那些世人不知道的“世外桃源”，于是他们在从事上述基础性工作的同时，又拓展了“旅游地质”。他们运用地质科学的方法和手段来观察、分析和解释名胜区、风景点、地质景观等旅游资源的成因、演变及发展，发掘人们所不熟悉的古生物遗迹，并着重于对自然景观、地质遗迹作科学性描述与探讨。这样，人们在欣赏那些自然奇观时，不仅“知其然”，而且“知其所以然”。

208 水文地质工程地质队组织技术人员，收集并整理出版的这本《重庆地质之最》，就是一本集地质科普与地质旅游为一体的大众读物。该读物用浅显的语言文字，配合较多的图片，意在为广大读者展示重庆最美的自然景观，普及地质科学文化知识，激发人民群众特别是青少年对地质科学的兴趣和爱好，扩展他们的视野，让他们从手机、电脑、游戏中解放出来，去拥抱大自然，热爱大自然，更加爱护环境，爱护我们赖以生存的地球。书中所介绍的很多地质奇观和地质遗迹，是重庆市唯一的，有的还是世界唯一的，书中专门阐明“是不可再生的”。这就给读者提出了如何保护这些奇观的话题。只有保护好它们，我们的子子孙孙才能够观赏、研究，才能更进一步探寻大自然的奥秘。

普及科学技术，提高全民科学素质，既是激励科技创新、建设创新型国家的内在要求，也是营造创新环境、培育创新人才的基础工程。社会的进步和发展，离不开科普，离不开全民科学素质的提高。根据相关资料介绍，在发达国家，大量的科普读物、科普教育基地、科技馆等，能够让大家切身感受到科技进步的魅力，引导广大人民群众特别是青少年热爱科学，崇尚科技。列宁同志曾经说过：“科学的宗旨就是提供宇宙的真正写真。”同样的道理，地质科普，就是要提供地球的“写真”。地质科学的普及，离不开地质工作者的努力，希望我们的地勘单位，切实担当起重任，努力肩负起重托，全力承担起使命，在保质保量完成基础性地质工作的同时，大力进行地学知识的宣传教育。通过这些手段，让社会更加了解地质工作，更加关心和支持地质工作。同时，也能够培养更多的人才，锻炼我们的队伍。

地质工作是一项艰苦的工作，同时也是很有乐趣的工作，具有极强的探索性和挑战性。大自然还有更多的奥秘需要我们去探索，还有更多的美景等待我们去发现。努力吧，重庆的地质工作者！

重庆市地质矿产勘查开发局党委书记、局长 周明洪

2017 年 5 月

前言

地质泛指地球的性质和特征，主要是指地球的物质组成、结构、构造、发育历史等，包括地球的圈层分异、物理性质、化学性质、岩石性质、矿物成分、岩层和岩体的产出状态、接触关系，地球的构造发育史、生物进化史、气候变迁史，以及矿产资源的赋存状况和分布规律等。

地质学是与数学、物理、化学、生物并列的自然科学五大基础学科之一。地质学研究对象为地球的固体硬壳——地壳或岩石圈，主要研究地球的物质组成、内部构造、外部特征、各层圈之间的相互作用和演变历史的知识体系，是研究地球及其演变的一门自然科学。随着社会生产力的发展，人类活动对地球的影响越来越大，地质环境对人类的制约作用也越来越明显。地质学研究领域进一步拓展到人地相互作用。

地质工作是经济社会发展重要的先行性、基础性工作。重庆市的地质工作始于19世纪，德国人李希霍芬（F.V.Richthofen）于1872年由陕西汉中进入四川进行地质调查，曾沿长江出三峡。1924年，我国著名地质学家李四光先生对三峡地区地层进行过调查研究，并著有《长江峡东地质及峡之历史》一文，对峡东地层作了系统划分，对构造及冰川进行了较详尽的论述；之后，刘之远、杨敬之、穆恩之、李捷等人对重庆市东部与湖北接壤地区的构造、地层进行过较深入的调查研究，发表了《湖北西部构造地质》等文章。1932年，常隆庆在南川三汇场及半和对寒武-奥陶系地层进行了观测研究，首创该区地层系统，著有《南川綦江间地质》一文。1935—1942年间，刘祖彝、熊永生、朱森、尹赞勋等先后对綦江、南川等地的地层剖面进行了实地研究，并对矿产进行了调查，计算有1 400万t铁矿石资源量。

中华人民共和国成立后，重庆市地质工作主要在四川省的统一规划下开展，国家先后组织了地矿、煤炭、冶金、化工、核工、建材、石油等相关部门及科研院校在重庆开展了基础地质调查、矿产地质勘查和地质科学研究，提高了区内地质工作的研究程度。

1965年，完成了覆盖全市的1:100万区域地质调查，是重庆境内首次完成的系统的地质工作，初步建立了重庆境内的地层、构造框架。1966年至1982年间完成覆盖全市 1:20 万区域地质矿产调查，是重庆市目前最为系统的中比例尺基础区域地质矿产资料。1:5 万区域地质矿产调查始于 1980 年，主要部署于重庆主城区和涪陵、万州等城市及周边，渝东南、渝东北等重要成矿区带，进一步提高了重庆的基础地质和矿产地质研究程度。

1997 年，重庆市成为中国第四个直辖市，重庆市地质工作结合本市社会、经济发展需要开展。1:25 万区域地质调查目前已完成开县幅、万县幅；1:5 万区域地质矿产调查在直辖前工作较少，从 2008 年开始大规模部署，目前已经开展及完成的区域覆盖率达到 70%，进一步提高了重庆的基础地质和矿产地质研究程度。

逐步推进的基础地质研究工作，不仅为重庆的经济高速发展作出了较大的贡献，同时也使人们对重庆地区地质演化的过程、各种地质景观和地质现象的认识更加深刻。

重庆主要位于扬子陆块，北临秦岭 - 大别造山带，是一个较为稳定的大地构造单元，大约在 8 亿年前的新元古代形成统一的陆块基底。古生代时表现相对稳定。中生代末与周围板块相继碰撞，拼接成为统一的中国大陆板块。中新生代作为组成大陆的地块进入板内构造发展阶段。在波澜壮阔的地质演化史中，形成了独特的地质景观，孕育了丰富的地质资源，造就了多个重庆“地质吉尼斯”。

本书在前人资料的基础上，进行了细致的研究和梳理，分别从地貌景观、古生物、水文与水文地质、地质灾害、矿产地质、基础地质、其他类等 7 个方面，选取了重庆 103 条地质之最，以简练通俗的文字和精美的图片予以呈现，供广大地质和旅游爱好者阅读欣赏。

重庆市地质矿产勘查开发局 208 水文地质工程地质队（重庆市地质灾害防治工程勘查设计院）为了普及地学知识，组织编写了系列科普图书——《地质科普丛书》。该丛书由队党委书记、教授级高级工程师杜春兰担任总主编，教授级高级工程师任良治、队总工程师、教授级高级工程师蒋文明担任副总主编；本书作为丛书之一，由高级工程师胡以德任主编，高级工程师罗向奎任副主编，胡旭峰、谢斌、张锋、余姝等同志参与了编写工作。其中，罗向奎负责“水文与水文地质之最”章节编写，胡旭峰负责“地貌景观之最”章节编写，谢斌负责“矿产地质、基础地质之最”章节编写，张锋负责“古生物之最”章节编写，余姝负责“地质灾害之最”章节编写，胡以德负责“其他类之最”章节和全书补充、统编。

本书成稿后，重庆市地质矿产勘查开发局党委书记、局长周时洪同志在百忙中审阅了书稿，提出了宝贵意见和建议，并为本书撰写了序言，这给了编者极大的鞭策和鼓舞，在此深表感谢！

书中有部分数据、图片等引自其他书籍、报告和网络等，无法与原作者取得联系，如有问题，可与编者联系。限于水平，书中错漏在所难免，敬请读者批评指正。

编　者

2017 年 5 月

CHONGQING
DIZHIZHIZUI

目录

一、地貌景观之最

1. 重庆最大褶皱山——川东平行岭谷 …… 02
2. 重庆最壮观的台原喀斯特地貌——南川金佛山 …… 03
3. 重庆最大的喀斯特平原——秀山平原 …… 04
4. 重庆最大的湖积平原——梁平坝子 …… 05
5. 重庆最具科学价值的溶洞——武隆芙蓉洞 …… 06
6. 重庆最年轻的溶洞——丰都雪玉洞 …… 07
7. 重庆石膏花分布面积最广的溶洞——酉阳晶花洞 …… 08
8. 重庆洞厅最大的溶洞——石柱金铃冷洞 …… 09
9. 重庆最深的溶洞——武隆汽坑洞 …… 10
10. 重庆最奇特的溶洞——巫溪红池坝夏冰洞 …… 11
11. 重庆最热的溶洞——巴南东泉热洞 …… 12
12. 重庆最“假”的溶洞——北碚北泉乳花洞 …… 13
13. 重庆最大的砾岩洞穴——黔江砾岩洞穴 …… 14
14. 重庆最大的冲蚀型天坑群——武隆后坪天坑群 …… 15
15. 重庆最大的天坑——奉节小寨天坑 …… 16
16. 重庆最大的“缸”——云阳龙缸 …… 17
17. 重庆最大的天生桥群——武隆天生三桥 …… 18
18. 重庆最长的地缝——奉节天井峡地缝 …… 19
19. 重庆分布面积最大的石林——万盛石林 …… 20
20. 重庆最奇特的石林——酉阳红石林 …… 21
21. 重庆最美的丹霞——江津四面山丹霞 …… 22
22. 重庆最壮观的丹霞——綦江老瀛山丹霞 …… 23

23. 重庆最雄伟的峡谷——长江三峡 …… 24
24. 重庆最险的峡谷——乌江大峡谷 …… 25
25. 重庆最秀的峡谷——阿蓬江峡谷 …… 26
26. 重庆最大的岛屿——广阳岛 …… 27

二、古生物之最

27. 重庆最著名的恐龙——合川马门溪龙 …… 28
28. 重庆最温顺的恐龙——江北重庆龙 …… 29
29. 重庆最凶猛的恐龙——巨型永川龙 …… 30
30. 重庆保存最完整的肉食恐龙——上游永川龙 …… 31
31. 重庆最大规模的恐龙化石群——云阳“恐龙公墓” …… 32
32. 重庆最大规模的恐龙足迹群——綦江莲花保寨恐龙足迹群 …… 33
33. 重庆最古老的蜥脚类恐龙足迹——大足邮亭恐龙足迹 …… 34
34. 重庆保存规模最大的哺乳动物化石群——万州盐井沟化石群 …… 35
35. 重庆保存最完整的巨貘化石——盐井沟巨貘化石 …… 36
36. 重庆最古老最完整的大象——东方剑齿象 …… 37
37. 重庆最古老的熊猫——龙骨坡熊猫化石 …… 38
38. 重庆最古老的乌龟——侏罗纪的蛇颈龟 …… 39
39. 重庆最古老的鳄鱼——恐龙时代的西蜀鳄 …… 40
40. 重庆最古老的鱼——侏罗纪的四川渝州鱼 …… 41
41. 重庆最早的水生爬行动物——杨氏璧山上龙 …… 42
42. 重庆最古老的动物化石——古杯动物 …… 43
43. 重庆最大规模的生物礁——城口志留纪生物礁 …… 44
44. 重庆最长的木化石——綦江马桑岩木化石 …… 45
45. 重庆最独特的木化石——綦江古剑山木化石 …… 46
46. 重庆最壮观的侏罗纪虫迹化石——万州铁峰山虫迹化石 …… 47
47. 重庆出露面积最大的侏罗纪遗迹化石——梁平明月山虫迹化石 …… 48
48. 重庆最大规模的志留纪遗迹化石——石柱新乐遗迹化石 …… 49
49. 重庆最大规模的海百合化石——城口海百合化石 …… 50
50. 重庆保存面积最大的叠层石——酉阳叠层石 …… 51
51. 重庆境内中国第一具自主研究装架的恐龙——许氏禄丰龙 …… 52

三、水文与水文地质之最

52. 重庆境内最长的河流——长江 …… 53
53. 重庆境内长江流量最大的支流——嘉陵江 …… 55
54. 重庆最长的倒流河——任河 …… 56
55. 重庆最大湖泊——长寿湖 …… 57
56. 重庆长江三峡工程内最大人工湖——开州汉丰湖 …… 58
57. 重庆最大的地震堰塞湖——黔江小南海 …… 59
58. 重庆最大地下水库——北碚海底沟地下水库 …… 60
59. 重庆最宽的瀑布——万州大瀑布 …… 61
60. 重庆最高瀑布——江津望乡台瀑布 …… 62
61. 重庆最大暗河瀑布——巫溪白龙过江 …… 63
62. 重庆最长的暗河——奉节龙桥暗河 …… 64
63. 重庆主城最著名的四大温泉 …… 65
64. 重庆最深的地热井——江津珞璜地热井 …… 69
65. 重庆温度最高的地热井——北碚静观花木 ZK1 井 …… 70
66. 重庆水量最大的地热井——璧山金剑山温泉井 …… 71
67. 重庆矿化度最大的地热井——万州长滩地热井 …… 72
68. 重庆最浅的地热井——武隆盐井峡地热井 …… 73
69. 重庆最有特色的泉水景观 …… 74

四、地质灾害之最

70. 重庆市内影响长江航道最严重的滑坡——云阳县鸡扒子滑坡 …… 75
71. 重庆治理工程投资最高的滑坡——奉节县猴子石滑坡 …… 76
72. 重庆规模最大崩滑体——黔江区小南海崩滑体 …… 77
73. 重庆伤亡最重的工程滑坡——武隆县五一滑坡 …… 78
74. 唯一造成乌江重庆段断流的崩塌——重庆鸡冠岭崩塌 …… 79
75. 重庆市威胁人口最多的危岩——武隆县羊角场镇危岩 …… 80
76. 重庆预警最成功的危岩——巫山县望霞危岩 …… 81
77. 重庆避险最成功的地质灾害——奉节县大树场镇地质灾害 …… 82
78. 重庆变形破坏最奇特的危岩——武隆县鸡尾山危岩 …… 83

五、矿产地质之最

79. 重庆最大的铅锌矿——酉阳小坝矿区 …… 85
80. 重庆最大的锰矿——秀山溶溪大茶园锰矿 …… 86
81. 重庆唯一的毒重石（钡矿）产地——城口县 …… 87
82. 重庆最大的锶矿——大足区兴隆锶矿 …… 88
83. 重庆最大的铁矿床——巫山桃花铁矿 …… 89
84. 重庆最大的铝土矿基地——南川大佛岩铝土矿 …… 90
85. 重庆最大的汞矿——秀山羊石坑汞矿床 …… 91
86. 重庆最大的煤矿——松藻煤矿 …… 92
87. 重庆历史最悠久的煤矿——天府煤矿 …… 93
88. 重庆最大的盐矿——云阳县黄岭矿区 …… 94
89. 重庆年代最久远的炼铁遗址——綦江铁矿遗址 …… 95
90. 重庆最古老的盐矿采矿遗址——巫溪宁厂盐井制盐遗址 …… 96
91. 重庆最大的页岩气矿——涪陵页岩气田 …… 97

六、基础地质之最

92. 重庆最古老的地层——新元古界青白口系红子溪组 …… 98
93. 重庆唯一的岩浆岩分布区——城口县 …… 99
94. 重庆市内的全国性标准剖面 …… 100
95. 重庆市内的区域性标准剖面 …… 102
96. 重庆最深的断裂带——城巴断裂带 …… 103
97. 重庆最著名的基底（隐伏）断裂带 …… 104
98. 重庆最有特色的褶皱——帚状褶皱 …… 106
99. 对重庆现代地貌改造最大的构造运动——喜马拉雅运动 …… 107

七、其他类之最

100. 重庆最早的人类化石遗址——巫山龙骨坡 …… 108
101. 重庆最早的矿区铁路——天府煤矿北川铁路 …… 109
102. 重庆最早的地质研究机构——中国西部科学院 …… 110
103. 重庆最有特色的观赏石 …… 112

参考文献 …… 115

一、地貌景观之最

重庆市位于四川盆地东部，处于中国二、三级地形台阶的过渡地带。北起大巴山南缘，南接云贵高原北部，西与四川相连，东抵巫山、大娄山。面积达 8.24 万 km^2，南北长 450 km，东西宽 470 km，地貌形态包括山地、丘陵、平原、盆地等，其中山地面积占 76%。

独特的地理位置，加之复杂的构造体系和岩层组合，造就了独具特点的层状地貌和深切峡谷相间的地貌格局，岩溶地貌、碎屑岩地貌、流水地貌和构造地貌共同组成了重庆市地貌景观的美丽华章。重庆地势北东及南东高，中西部低。最高峰为巫溪县东缘与巫山县北缘交界处的阴条岭，海拔高程 2 796.8 m，被称为“重庆第一峰”。重庆最低点位于巫山县培石乡境内的长江出重庆界的巫峡长江江面，三峡工程蓄水前高程为 73.5 m，蓄水后高程随长江水位变动。

市内平均海拔最低的区是主城的渝中区。渝中区东、南、北三面环水，西面通陆，为东西向狭长半岛，境内海拔 160~379 m，坡降很大，高差悬殊。平均海拔最高的区县是城口县，属米仓山、大巴山中山区，境内最高点光头山，海拔 2 685.7 m，最低点沿河乡岔溪口，海拔 481.5 m，平均海拔约 760 m，地势南东偏高，北西偏低。

阴条岭
（照片来源于网络）

巫山县培石乡

1. 重庆最大褶皱山——川东平行岭谷

重庆华蓥山与七曜山之间的中部地区，是独具特色的川东平行岭谷区。区内背斜紧闭成山，向斜宽缓成谷，山谷相间，平行排列，这是中国北东向山脉组合最整齐的地区，也是世界上特征最显著的褶皱山地带，与法国和瑞士边境的侏罗山以及美国的阿巴拉契亚山脉并称“世界三大侏罗山式褶皱山系”。

自西向东主要有华蓥山、铜锣山（南山）、明月山、铁峰山、挖断山、精华山、方斗山等多条山脉；西南则为华蓥山南延的云雾山、缙云山、中梁山等支脉。

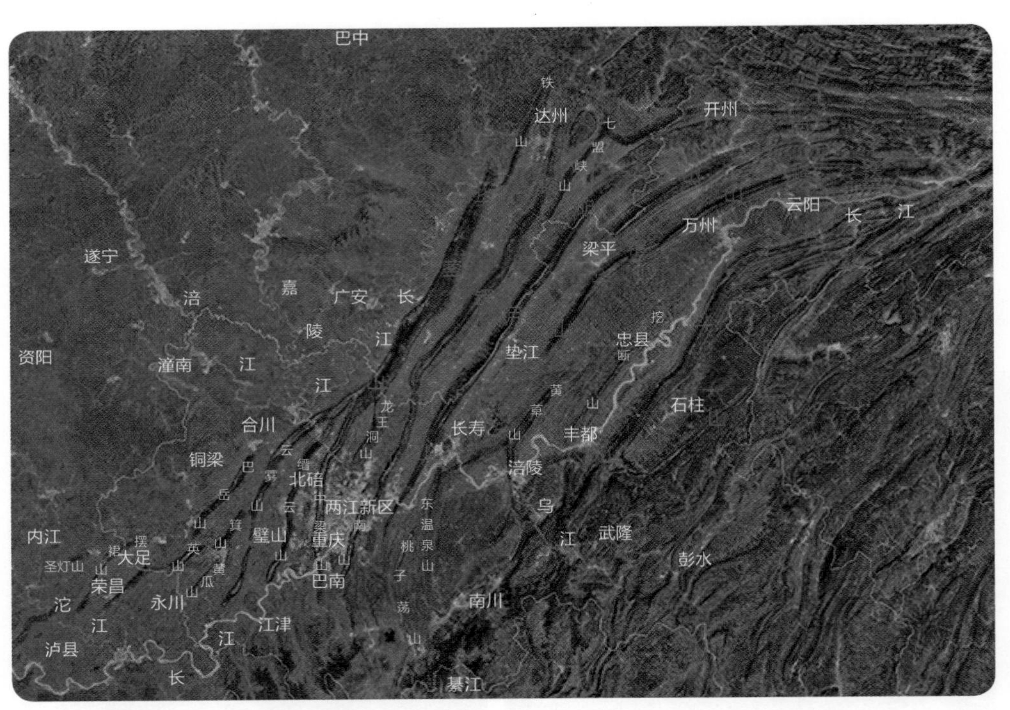

川东平行岭谷

（图片由208队根据卫星图制作）

2. 重庆最壮观的台原喀斯特地貌——南川金佛山

金佛山位于重庆市南川区，大娄山脉北部。“金佛何崔嵬，飘渺云霞间”是对金佛山最美好的写照，被誉为“东方的阿尔卑斯山”。

2014 年在卡塔尔举行的第 38 届世界遗产大会上，“中国南方喀斯特”二期申遗项目获批通过，金佛山成为继“武隆喀斯特”之后，重庆市的第二个世界自然遗产。

金佛山是被陡峭的巨型崖壁环绕的世界级方山台形地貌，山顶为波状起伏的古夷平面，周边两级圈闭陡崖雄伟壮丽，地质学称这种地貌为台原喀斯特地貌。其中一级陡崖为边界的核心区，面积为 67.44 km^2；第二级陡崖为边界的缓冲区，面积为 106.75 km^2。两级陡崖记录了高海拔的喀斯特高原切割过程，并且包含了新生代以来该地区间歇性抬升和岩溶作用的证据。

金佛山山势雄奇秀丽，喀斯特景观丰富多彩，有原生态石林，金佛洞、古佛洞、唐家洞等洞穴镶嵌在这些陡崖峭壁中，金龟朝阳、甄子岩、鹰嘴岩、母子峰、石人峰、锦屏峰、头渡烛台峰、将军归隐等象形石、象形山惟妙惟肖，是大自然鬼斧神工的杰出作品。

金佛山

锦屏峰

（照片来源于网络）

3. 重庆最大的喀斯特平原——秀山平原

秀山平原，位于秀山县城一带的岩溶槽谷，呈北东向展布，海拔 340 ~ 380 m，长达 34 km，最宽处为 10 km，面积超过 200 km^2。

秀山平原是在寒武系灰岩溶蚀的基础上，由喀斯特残积物和河流冲积物组成，地势平缓，一望无际，梅江河在之中蜿蜒前行，有“小成都平原”之称，是重庆市最大的喀斯特平原。

秀山县城

秀山平原
（照片来源于网络）

4. 重庆最大的湖积平原——梁平坝子

梁平坝子，又称川东坝子，位于重庆市梁平县中部，是一块由古代湖泊沉积而成的平坝，地势平坦而开阔，海拔 430 ~ 460 m，面积达 100.73 km^2，被称为“渝东第一大坝”，为重庆最大湖积平原。

梁平地貌总体受地质构造、地层分布和岩性控制，以及受水文作用影响，呈现“三山五岭，两槽一坝，丘陵起伏，六水外流”的自然景观。其中东山（黄泥塘背斜）和西山（明月峡背斜）因山顶出露的嘉陵江组灰岩被水溶蚀成为狭长的槽谷。梁平坝子就位于东山和西山之间，数万年前，这里曾是山间盆地湖泊，湖面宽广，周围大山耸立，大量的碎屑物随着地表水汇集于此，沉积了数十米厚的炭质黏土、砂黏土，湖泊也最终消失。肥沃的土地也使农业成为梁平的第一产业。

梁平坝子
（照片来源于网络）

5. 重庆最具科学价值的溶洞——武隆芙蓉洞

芙蓉洞，位于武隆县江口镇的芙蓉江畔，距离武隆县城 23 km，是“武隆喀斯特”中的一颗璀璨的明珠。

芙蓉洞是大型石灰岩洞穴，形成于第四纪更新世（大约 120 多万年前），发育在古老的寒武系白云质灰岩中。洞内深部稳定气温为 16.1 ℃。芙蓉洞主洞长 2 700 m，游览道 1 860 m，底宽 12~15 m 以上，最宽 69.5 m，洞高一般 8~25 m，最高 48.3 m，洞底总面积 37 000 m^2。

洞体规模宏大，次生物理 - 化学沉积物多样而丰富，几乎包括了所有科学分类和命名的类型，被我国著名的洞穴专家朱学稳教授评价为“一座洞穴科学博物馆”。其中知名的有宽 15.76 m、高 21.04 m 的巨型石瀑布，有面积 32 m^2、水深 0.8 m、处在生长旺盛期的珊瑚瑶池，有长 120 cm、周长 124 cm 的“生命之源”，还有生长旺盛的石花之王以及世界绝无仅有的犬牙晶花石。这些都是稀世珍品。

巨型石瀑布　　珊瑚瑶池

（照片来源于《重庆市地质遗迹资源调查评价报告》，2013 年 12 月）

6. 重庆最年轻的溶洞——丰都雪玉洞

雪玉洞，位于丰都县三建乡龙河峡谷险峻陡峭的岩壁之上，距离县城 17 km。洞内 80% 的钟乳石都“洁白如雪，质纯似玉”，故被我国著名的洞穴专家朱学稳教授命名为“雪玉洞”，也是我国第一个洞穴科普基地和第一个溶洞观测站。

雪玉洞是龙河旅游景区溶洞群中的精品，景观的主要特色是拥有 3 个世界罕见和 4 个世界之最。

世界罕见是：（1）钟乳石洁白如雪，堪称“冰雪世界”；（2）大部分沉积物都是在 3 300 年与 1 万年之间生成，是洞穴中的“妙龄少女”；（3）沉积物类型齐全、规模宏大、分布密集、形态精美，号称“千姿百态”。

世界之最是：（1）高达 4 m 多的石盾“雪玉企鹅”，是洞穴中的石盾之王；（2）发育有世界上规模最大、数量最多的塔珊瑚花群，形似“沙场秋点兵”；（3）“鹅管林”密度居世界之最；（4）“石旗之王”垂吊高度约为 8 m，为世界之最。

雪玉企鹅

石旗王

（照片来源于《重庆市地质遗迹资源调查评价报告》，2013 年 12 月）

7. 重庆石膏花分布面积最广的溶洞——酉阳晶花洞

晶花洞，重庆酉阳国家地质公园十大洞穴明星之一，位于板溪东南 6 km 处的板溪乡扎营村。

晶花洞洞穴系统的上层洞道长达 1 000 余 m，洞内面积约 10 000 m^2，有 4 个高大的厅堂和 3 个支洞，洞体雄伟壮观、厅堂高大宽阔。洞内次生化学沉积物和自然景观丰富多彩、绚丽多姿、新奇鲜艳。

石膏花无疑是这些洞穴沉积物的翘楚，在长 10 余千米的地下河中分布着大量玲珑剔透的石膏花。石膏花是由富含碳酸钙和硫酸钙的化合物经过多年沉淀而成，结晶体形似花朵，俗称石膏花。石膏花的形成条件极其苛刻，晶花洞洞内相对湿度为 99.2%，或许只有在这样的湿度中才能形成分布面积如此之广的石膏花，堪称世界级。

石膏花

（照片来源于《重庆市地质遗迹资源调查评价报告》，2013 年 12 月）

8. 重庆洞厅最大的溶洞——石柱金铃冷洞

金铃冷洞，位于石柱县金铃乡银杏村，洞址距金铃乡乡政府所在地金铃坝约 1 km。洞口高 10 m，宽 5 m，溶洞已探明长度 2.3 km。大厅发育在洞内 500 m 处，厅长 224 m，跨度 50 ~ 180 m，高 18 ~ 50 m，面积达 30 000 m^2，其单厅面积为重庆市内最大，最大跨度 180 m 也为重庆已探测溶洞之最。

洞内沉积物丰富，石柱、石笋群规模壮观、形态变化多姿。最奇特的是洞中发育了 20 余个形态奇特的“金扁蛋”，由淡黄色石芯和外围乳白色石笋形成，其形状和色彩都神似“荷包蛋”，故名“金扁蛋”。金扁蛋因其形成条件苛刻而少见，具有较高的科学研究价值和美学价值。

石笋群

金扁蛋

9. 重庆最深的溶洞——武隆汽坑洞

汽坑洞，武隆喀斯特成员之一，位于重庆市武隆县天星乡。该洞目前探测垂直深度 1 026 m，总长度 5 880 m，当之无愧的中国竖井之冠。

英国的红玫瑰洞穴探险队对此洞进行了大量的探测工作，而国内对此洞的了解几乎是一片空白。2015 年，重庆洞穴探险队对汽坑洞进行了初步探测，第一次在中国最深竖井留下了中国人的足迹，但获得的资料甚少，期待更多的中国探险者去揭开汽坑洞神秘的面纱。

汽坑洞

（照片来源于网络）

10. 重庆最奇特的溶洞——巫溪红池坝夏冰洞

夏冰洞，位于大宁河上游，巫溪县城西 80 km 的红池坝高山草场原始森林内。

夏冰洞洞口处海拔 2 035 m，洞口朝东，呈三角形，高 3 m，宽 5 m，深约 10 m。每当盛夏时节，洞外绿树成荫，艳阳高照，各色杜鹃怒放，洞内却冰柱林立，寒气逼人，滴水成冰。直到 9 月底 10 月初，冰才化完；每到隆冬时节，洞外天寒地冻，白雪茫茫，洞内则是冰乳潜形，流水叮咚，温暖如春，是世界级自然奇观。

红池坝夏冰洞

（照片来源于《重庆市地质遗迹资源调查评价报告》，2013 年 12 月）

11. 重庆最热的溶洞——巴南东泉热洞

东泉热洞，位于有“中国温泉之乡”之称的重庆市巴南区东泉镇，为世界三大热洞之一。走进溶洞几分钟就开始出汗，十分钟后就大汗淋漓，是一个天然的“桑拿洞穴”。洞内相同高度内温度四季基本保持稳定，从外向内呈梯级升温，洞温由洞口的 26 ℃，随洞深延伸增高到 37 ℃，冬春季节洞内洞外形成强烈的温度反差。

东泉热洞形成的原因：一是洞内尾部有两个温度为 39 ~ 41 ℃、涌水量 68.6 m^3/ 天的热泉长流不断，保证了洞内有稳定而丰富的热源；二是洞体形态变化大，蜿蜒曲折、高低宽窄各处不均，形成了洞体内两个类似瓶颈的保温结构；三是热洞内有适度的积温空间。

2002 年 1 月，勘探钻孔打穿了热洞温泉储水层，致使热洞温泉逐渐断流干枯，2007 年通过钻探引水，东泉热洞恢复。

东泉热洞

（照片来源于《重庆市地质遗迹资源调查评价报告》，2013 年 12 月）

12. 重庆最“假”的溶洞——北碚北泉乳花洞

乳花洞，位于北碚区嘉陵江畔悬崖处，北温泉公园中。

乳花洞并非一般的溶洞，构成乳花洞的岩体并非石灰岩，而是5万年前的温泉泉华沉积物。当时的温泉是在嘉陵江第一阶地面上流出的，泉华沉积在阶地上。这些泉华因位于背斜轴部，在背斜继续受到水平挤压的情况下，泉华中也发生了二次追踪式裂隙，热水流经这些裂隙，使其两壁泉华受到溶蚀，从而导致裂隙向溶隙、溶洞发展，并在其中生成了各种各样的岩溶景观。所以，科学家们称乳花洞为“天下第一假洞”，堪称举世无双的世界奇观。

乳花洞

（照片来源于网络）

13. 重庆最大的砾岩洞穴——黔江砾岩洞穴

砾岩洞穴位于黔江区城市峡谷景区内。该景区内分布有 8 km^2 的砾岩景观，包括砾岩洞穴、砾岩石壁、砾岩石林等。喀斯特地貌景观大多为石灰岩结构，砾岩结构极为少见。区内 40 多个奇特的砾岩洞穴星罗棋布，构成独特的洞穴景观。

其中位于黔江城区名为黑洞的砾岩洞穴，洞壁围岩是自然界少见的白垩系河湖相沉积的砂砾岩，洞底面积有 2.7 万多平方米，洞穴长度位居全国第二。洞中有天坑、峡谷、天泉、天窗和暗河等景观，有 10 多个支洞、叉洞，上层为旱洞、下层为水洞，全洞有 5 个进出口，如同迷宫一般构成了神秘的地下世界。

黔江砾岩洞穴

（照片来源于网络）

14. 重庆最大的冲蚀型天坑群——武隆后坪天坑群

后坪天坑群，位于武隆县后坪乡境内，在 15 万 m^2 范围内发育 5 个天坑，即箐口、石王洞、天平庙、打锣凼和牛鼻洞，这些天坑具有浩大的空间规模，体积达（3.4 ~ 10.4）$\times 10^6$ m^3，并发育有与之“配套”的地下河和多层洞穴。其中最典型的为箐口天坑，坑口呈椭圆形，形态完美，东西长 250 m，南北宽 220 m，面积 40 754 m^2，深度 195 ~ 295 m，体积 9.2×10^6 m^3。洞壁陡直，发育有 3 条季节性的瀑布，洞底与二王洞洞穴系统相连。

后坪天坑群是地表水冲蚀和崩塌联合作用下形成的，以地表水冲蚀为主，是世界唯一的地表水冲蚀成因天坑群，也是世界上最大的冲蚀型天坑群。罕见的形成机制一直是地质学界关注和研究的焦点。

箐口天坑

（照片来源于网络）

15. 重庆最大的天坑——奉节小寨天坑

小寨天坑，位于奉节县兴隆镇，与武隆后坪天坑群不同的是，小寨天坑是一坍塌型天坑。口部最大直径 626 m，最小直径 537 m，坑底最大直径 522 m，垂直高度 662 m，总容积 11 934.8 万 m^3，是中国乃至世界上深度和容积最大的岩溶漏斗。小寨天坑是构成地球第四纪演化史的重要例证，也是长江三峡成因的“活化石”。

远远看去，小寨天坑是几座山峰间凹下去的一个椭圆形大漏斗。坑壁四周陡峭，在东北方向峭壁上有小道通到坑底。坑壁有两级台地，位于 300 m 深处的一级台地，宽 2~10 m；第二级台地位于 400 m 深处，呈斜坡状，坡地上草木丛生、野花烂漫，坑壁有几处悬泉飞泻坑底。站在坑口往下看，一削千丈的绝壁直插地下，深不见底，令人目眩。

小寨天坑

（照片来源于《重庆市地质遗迹资源调查评价报告》，2013 年 12 月）

16. 重庆最大的“缸”——云阳龙缸

龙缸，位于云阳县清水镇，是云阳龙缸国家地质公园的核心景点。龙缸天坑缸口呈椭圆形，缸口最低处鹰嘴峰海拔高度 1 113 m，长轴延伸约 304 ~ 325 m，短轴 178 ~ 183 m，深度大于 335 m。其深度在国内仅次于小寨天坑和大石围天坑，位居国内第 3，世界第 5。

龙缸天坑与小寨天坑同属坍塌型天坑，它是在多组节理以及耀灵向斜北东转折端的劈理交汇处产生的破碎带，后经溶洞中的地下水反复溶蚀—坍塌而形成。龙缸内壁如削，缸壁由峭壁拱成，一壁到底，最宽处 2 m 多，最窄外不足 40 cm。人站于缸沿上，一边是千仞缸壁，一边是万丈深渊，素有“天下第一缸”之称。

龙缸周围森林茂密，不仅缸外全为植被覆盖，甚至缸壁也有生命力强劲的植物。壁缝处松枝横卧，古藤倒挂，缸底丛林碧绿，四季吐翠。林间百鸟争鸣，盘旋低飞，烟云升腾，景色优美。

云阳龙缸

（照片来源于《重庆云阳龙缸国家地质公园综合考察报告》，2013 年 12 月）

17. 重庆最大的天生桥群——武隆天生三桥

天生三桥，位于武隆县仙女山镇明星村，分布在同一峡谷的 1.5 km 的范围内，桥间又是天坑，这在世界上别无二例。三座天生桥在总高度、桥拱高度和桥面厚度等指标上皆居世界第一位，是亚洲最大的天生桥群。

天龙桥：桥高 200 m，跨度 300 m，犹如飞龙在天，故而得名“天龙”。

青龙桥：桥高 350 m，跨度 400 m，桥面厚为 168 m，垂直落差 281 m，因雨后飞瀑自桥面倾泻成雾，夕照成彩虹，似青龙扶摇直上而得名。

黑龙桥：桥高 223 m，跨度 16~49 m，桥面宽阔，达 193 m，因其拱洞幽深黑暗，似有一条黑龙蜿蜒于洞而名。

天龙桥

青龙桥

黑龙桥

（天龙桥、青龙桥照片来源于《重庆市地质遗迹资源调查评价报告》，2013 年 12 月；黑龙桥照片来源于网络）

18. 重庆最长的地缝——奉节天井峡地缝

天井峡地缝，位于奉节县兴隆镇友谊村，距离小寨天坑之南约 3 km，是长江三峡国家地质公园奉节园区的重要景点之一。

天井峡地缝所在峡谷由上部较开阔的 U 形峡谷和下部地缝式峡谷组成，全长 37 km，地缝全长 14 km。峡谷底高程从 1 172 m 降到 854 m，坡降 51.6%，谷底宽 1 ~ 15 m，垂直深 80 ~ 229 m。谷中有白蛇爬山、鳄鱼出洞、青蛙产子、牛头马面、观音台、将军岩、象鼻山、天地连环桥等岩溶景观。从峡谷底部仰视，可见两壁岩石耸立，若即若离，阳光犹如一束束光柱直射而下，形成“一线天”的景观。

天井峡地缝

（照片来源于网络）

19. 重庆分布面积最大的石林——万盛石林

万盛石林，位于万盛区石林镇，距离万盛城区 20 km，已开发面积 4.7 km^2，是重庆境内分布面积最大的石林，也是中国第二大石林，被喻为“石林之祖”。

万盛石林处于侵蚀溶蚀中低山区，地貌形态属峰丛谷地，海拔 800 ~ 1 200 m，出露地层为奥陶系中统宝塔组薄层灰岩，该层灰岩中发育典型的龟裂纹构造，产丰富的直角石等古生物化石。亿万年的构造运动，并经长期的侵蚀、剥蚀等内外地质营力长期作用，形成和发育了千奇百怪和丰富多样的万盛石林地质遗迹，夫妻石、老鹰喂雏、亿年石龙、将军守城、月老岩等象形景观，可谓千姿百态。

石林迷宫

夫妻石

月老岩

（照片来源于《重庆市地质遗迹资源调查评价报告》，2013 年 12 月）

20. 重庆最奇特的石林——酉阳红石林

红石林，位于酉阳东部酉水河西岸，紧邻重庆市秀山县大溪乡香木村。其地质成因和万盛石林极为相似，更奇特的是由于矿物成分中富含三价铁离子，使岩石和土壤色泽殷红暗紫，故名红石林。

红石林穿着色泽鲜艳的“外衣”，在地球内外力作用下形成了喀斯特地貌、棋盘式峡谷、沉积构造、古生物化石等地质遗迹景观，石林层层叠叠，造形别致，令人震撼陶醉。丰富多彩的地质遗迹汇集于此，这在同类喀斯特地貌景观中更是绝无仅有。

酉阳红石林

（照片来源于网络）

21. 重庆最美的丹霞——江津四面山丹霞

四面山丹霞，位于重庆市江津区南端，为水平构造中低山倒置地形，地势南高北低，因山脉四面围绕而得名。最高峰蜈蚣岭海拔 1 709.4 m，最低处海拔 560 m，面积 240 km^2，是一处以山、水、林、瀑为主景的风景区。

四面山成景地层为白垩纪夹关组砖红色砂岩。在白垩系晚期，四面山地区形成一山间盆地，盆地周围山地岩石受到强烈的风化剥蚀，提供了丰富的沉积物质，由于当时气候炎热干燥，铁质氧化，使沉积物呈现一片红色。

“赤壁丹峡、千瀑千姿”，四面山地区降雨量大，水资源丰富，由此造成瀑布成群，瀑瀑相连。其四周悬崖壁立，后缘瀑布高悬，底部或乱石如林或碧水深潭，雄伟壮观。

土地岩丹霞

（照片来源于《重庆市地质遗迹资源调查评价报告》，2013 年 12 月）

22. 重庆最壮观的丹霞——綦江老瀛山丹霞

老瀛山，位于綦江区东部，距离城区约 10 km，是綦江国家地质公园的主要地质遗迹。古有“山盘四十八面险，云暗三百六旬秋”之称，今有重庆“红色处女地”之说。

老瀛山丹霞与江津四面山丹霞、贵州赤水丹霞一脉相承。大自然的雕琢形成丹霞长廊、城堡状丹霞、金字塔状丹霞、柱状丹霞，几乎包含了所有的丹霞地貌类型，是西南地区丹霞地貌集大成者，雄伟壮观。

丹霞长廊

金字塔状丹霞

城堡状丹霞

（照片来源于綦江区国土资源和房屋管理局）

23. 重庆最雄伟的峡谷——长江三峡

长江三峡，由瞿塘峡、巫峡、西陵峡组成，全长 191 km，两岸悬崖绝壁，江中滩峡相间，是中国古人类文明的发源地之一，也是三国古战场。世界上最大的水利枢纽工程——三峡工程便位于此。

区内七曜山背斜和望峡背斜褶皱成山，长江从中深切分别形成了瞿塘峡和巫峡，它们是“狭义”上的长江三峡的前两个峡，峡谷气势雄伟，规模巨大，是世界级的著名大峡谷。瞿塘峡在长江三峡中气势最为恢宏，江面最狭窄，两岸峭壁连绵，素有“雄伟险峻”之称；巫峡两岸山体挺拔秀丽，多悬泉瀑布，奇峰异石分布，是长江三峡最为秀美的峡谷，素有“幽深秀丽”之称。

长江三峡

夔门

（照片来源于网络）

24. 重庆最险的峡谷——乌江大峡谷

乌江，发育于贵州省，流经黔北及渝东南酉阳彭水，在重庆市涪陵区注入长江，重庆境内长约 144 km，为长江南岸最大支流。

浩浩荡荡的江水切割川东南褶皱山脉，形成三门峡、桐麻弯峡等 10 多个峡谷。从酉阳县的万木乡，经清泉乡、龚滩镇、鹿角镇、彭水县城，到高谷乡段峡谷，江水水流湍急、山峦雄奇，一里一景，风光旖旎，自成一体，有“天险乌江，千里画廊”之美誉。

乌江画廊“山似斧劈、水如碧玉、虬枝盘旋、水鸟嬉翔”，“奇山、怪石、碧水、险滩、古镇、廊桥、纤道、悬葬”构成了乌江画廊的景观要素。清代诗人梅若翁赞叹：“蜀中山水奇，应推此第一”。

乌江峡谷

乌江峡谷——酉阳龚滩古镇

（照片来源于网络）

25. 重庆最秀的峡谷——阿蓬江峡谷

阿蓬江，一条娟秀柔美的河流，从湖北利川奔流而下，穿行于武陵山脉，划破崇山峻岭，经黔江至酉阳龚滩注入乌江，全长 249 km，为乌江第一大支流。

阿蓬江山雄水秀，峡幽谷深，江水冲破崇山峻岭，一泻千里，山高谷深，绝壁对峙，在干流上形成了神龟峡、官渡峡和浪坪梯子洞峡谷 3 段独特绝美的峡谷风光。其间还有支流细沙河的温泉与溶洞，罾潭的间歇对射泉和溶洞，深溪河的天生四桥，蒲花河的间歇泉、天生桥、大漏斗及地下暗河，是集原始峡谷、温泉、间歇泉、溶洞、天生桥、大漏斗、地下暗河、悬棺等特色于一体的风光带，极富自然观光和地质科考价值。

阿蓬江峡谷

（照片来源于网络）

26. 重庆最大的岛屿——广阳岛

广阳岛，也叫广阳坝，位于重庆市南岸区，重庆长江小三峡里铜锣峡的出口处，明月山、铜锣山之间，距离市中心 11 km，水路距离重庆港 19 km。面积为 6.44 km^2，海拔高 200 ~ 281 m，周长 16 km，内河长 7 km，水面宽 200 ~ 400 m，是长江流域内河第二大岛，重庆境内长江上最大的岛屿。岛上常年四面环水，江水环抱，白鹭栖息，自然生态一流，是重庆市独具特色的自然资源。

广阳岛曾是古代巴人一个主要聚居地，是长江渔猎文明的发源地之一，曾发掘出战国时期的青铜器，还有大禹在此治水的历史传说。岛屿南方的涂山即为传说中大禹遇见涂山氏的地方之一。民国时的军阀刘湘在岛上建有西南第一个飞机场，曾用于对日本作战。20 世纪 60 年代建设了广阳坝农场，80 年代建立了重庆市体育训练基地。2006 年，政府修建了广阳岛大桥，位于弹子石至广阳坝之间，全桥总长 1 129.16 m，连通弹广公路和通江大道，使广阳镇及周边地区到重庆主城区仅需 20 min 车程，2014 年建成了环岛公路。

广阳岛

（照片来源于网络）

二、古生物之最

重庆是我国面积最大的直辖市，境内山脉河流纵横，富含众多化石资源，是一个名副其实但又鲜为人知的古生物王国。重庆境内的地层中，保存有丰富的古生物化石类型，这些化石资源中最著名的是中生代的恐龙，分布于重庆很多地方。重庆是名副其实的建立在恐龙脊背上的城市。不断的野外调查表明，重庆市内其他动物、植物还有遗迹化石也非常丰富，其中很多化石是同类化石中的冠军成员和明星。下面，就让我们开始逐步揭开这些明星的神秘面纱。

27. 重庆最著名的恐龙——合川马门溪龙

提起重庆的恐龙，人们一定会首先想起被誉为“东方巨龙”的合川马门溪龙，它是重庆恐龙最大的明星。这个庞然大物生活在 1.4 亿年前的侏罗纪晚期，复原长度可达 22 m，颈部长 9 m，脑袋长约 60 cm，高 3.5 m，骨骼化石重 1 765 kg，体重推断有 26 t。化石是 1957 年发现于重庆市合川区太和镇，现在陈列在成都理工大学博物馆，作为镇馆之宝。

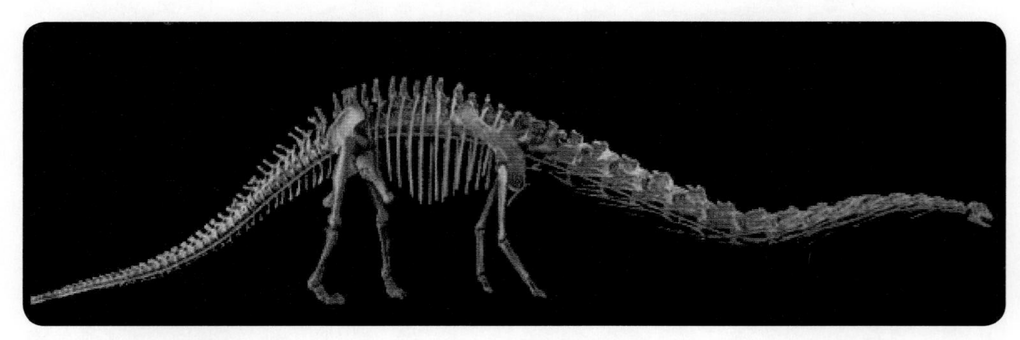

合川马门溪龙

（照片来源于网络）

28. 重庆最温顺的恐龙——江北重庆龙

重庆既有凶猛的肉食性永川龙，也有性情温顺的恐龙——江北重庆龙。1982 年在重庆江北区猫儿石发现了一具剑龙化石标本，为一具未成年的小个体剑龙，体长仅为 3 m，是成年个体的二分之一。它生活在晚侏罗世（距今 1.4 亿年前）时期浅丘或丛林附近，以植物嫩叶为食。

重庆龙是剑龙科中最小的一类恐龙，长约 3 ~ 4 m。它的尾巴上最少有 5 条长钉一样的东西用于打击肉食龙。它的头颅骨相当高及狭窄，背板大及厚。如同其他的剑龙科一样，它是植食性的恐龙。重庆龙的背部有成对排列的尖状骨板，但总数量未知。目前发现的一个标本有 14 对骨板，以及 2 对尾刺。

重庆龙被认为与其他大型植食性恐龙（如：马门溪龙）和肉食龙（如：永川龙）生存于同一侏罗纪王国当中。

江北重庆龙

（照片来源于网络）

29. 重庆最凶猛的恐龙——巨型永川龙

重庆最凶猛的恐龙属于巨型永川龙，其化石于 1973 年在重庆永川郊区被发现，是一种大型的肉食性兽脚类恐龙。它的头特别大，体长可达 10 m，巨大的头颅长达 1.1 m，背高 3.5 m。口中长满匕首状牙齿，脚上有锋利的爪子，每当张嘴捕食，便露出一张“血盆大口”，足以一口咬掉其他植食性恐龙的头。按照体型，正如它们的名字，巨型永川龙可谓永川龙中的老大，也是侏罗纪最大的肉食性恐龙，是侏罗纪真正的霸主。巨型永川龙的头略呈三角形，头两侧有六对孔，这样可有效降低头部重量。除一对眼孔外，其他孔是附着于头部用于撕咬和咀嚼的强大肌肉群。再加上一排排匕首般锋利的牙齿和粗短的脖子，使巨型永川龙拥有惊人的咬合力。长长的尾巴，站立时可以支撑身体，奔跑时翘起达到平衡。它喜好独居，常出没于丛林、湖滨，性格残暴、冷僻，是植食性恐龙的天敌，一旦被它盯上，就很难逃脱。

巨型永川龙

（照片来源于网络）

30. 重庆保存最完整的肉食恐龙——上游永川龙

重庆既有永川龙的大哥，但大哥却不是保存最完整的，最完整的当属上游永川龙。这条恐龙是 1976 年发现于永川上游水库附近，因此地得名。其头颅保存完整，其余的身体骨骼保存达到了 70%，是亚洲迄今所知保存最完整的大型肉食性恐龙之一。当时发现它的时候是呈现出仰头挣扎的状态，显示了临死前的抗争。上游永川龙的发现，特别是保存完整的头骨，曾引起世界古生物学术界的极大关注和兴趣。

上游永川龙也是非常凶猛的兽脚类肉食性恐龙，体长大约 8 m，高 3 m；头骨长 82 cm，高 50 cm。生活在距今 1.5 亿年的侏罗纪晚期。上游永川龙虽属大型生物，但却异常机敏灵活，能捕获身躯比它大两三倍的植食性恐龙，在古生物界尊享“恐龙霸王”的美称。峨眉电影制片厂还以它的发掘和研究过程拍摄了我国第一部恐龙专题科教片——《永川龙》。

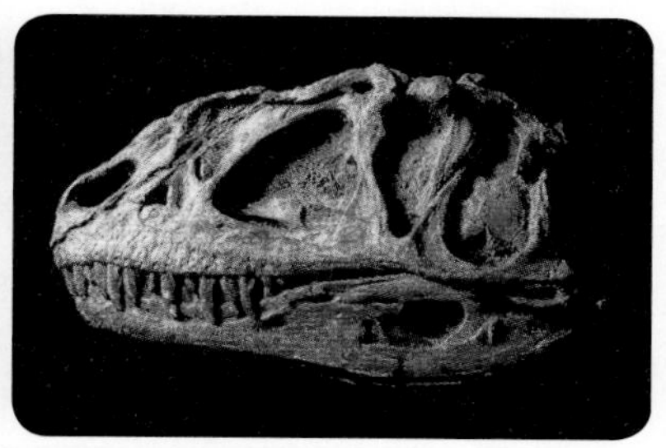

上游永川龙化石埋藏情况及头骨

上游永川龙复原图

（照片来源于网络）

31. 重庆最大规模的恐龙化石群——云阳“恐龙公墓”

云阳普安恐龙化石群，是重庆目前发现的最大的恐龙化石群。在 5 km 长的岩层走向上发现有多处化石露头，化石核心区出露长度 540 m。在化石密集出露的一区，已发掘形成长 150 m、高 6 ~ 8 m、面积 1 155 m^2 的化石墙，保留在化石墙上的化石 3 147 处，已经发现的恐龙化石有牙齿、颈椎、背椎、尾椎、肋骨、肩胛骨、股骨、肱骨、胫腓骨、尺桡骨、耻骨、坐骨、掌骨、趾骨、爪子等，是名副其实的“恐龙公墓”。

云阳普安恐龙化石群具有以下特点：

①化石分布时代跨度大。从侏罗纪早期到晚期地层均有恐龙化石分布，说明恐龙在该地区生存了至少 2 000 万年。

②化石资源分布广。在约 5 km 长的岩层走向上有多处化石露头，是西南地区继四川自贡与云南禄丰之后的又一个大型恐龙集中埋藏地。

③化石种类丰富。现在已确定有基干蜥脚形类、蜥脚类、兽脚类、鸟脚类、剑龙类等五大类恐龙化石。此外，还有蛇颈龙类水生爬行类动物化石和双壳类为代表的无脊椎动物化石。

④属于异地集群埋藏。化石关联程度较低，排列较为紊乱，化石大小、形态混杂、疏密不均，且存在许多碎块化石，具有较长距离搬运和异地集群埋藏特点。

⑤具有很高的科研价值。该恐龙化石群为四川自贡、云南禄丰之后的又一次恐龙化石重大发现，对我国乃至世界侏罗纪恐龙的时空分布、系统分类和演化研究具有非常重要的科研价值。

云阳普安恐龙化石群

32. 重庆最大规模的恐龙足迹群——綦江莲花保寨恐龙足迹群

重庆最大规模的恐龙足迹群发现于綦江区白垩纪夹关组地层中。这是我国西南地区白垩纪中期最大规模的恐龙足迹群，300 多个足迹分布在 140 多 m^2 的范围内。这批恐龙足迹隶属于甲龙类、鸟脚类和兽脚类，其中的甲龙类足迹为中国首次发现。恐龙足迹类型包括凹型足迹、凸型足迹、动态足迹、立体足迹和幻迹等。在这些足迹中，数量最多的是“莲花”形的鸭嘴龙足迹，共有 176 个。其中，脚印最短的有 11 cm，最长的有 35 cm。

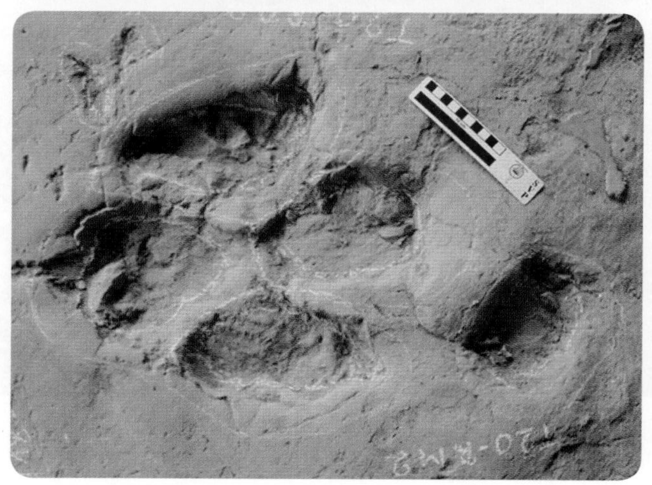

綦江恐龙足迹群

（照片来源于网络）

33. 重庆最古老的蜥脚类恐龙足迹——大足邮亭恐龙足迹

重庆大足区邮亭镇一条废弃的铁路边上，有一处倾角约 60° 的岩层面，其上保存有重庆最大规模，也是唯一的恐龙转弯足迹。大足发现的恐龙足迹包括多个足迹，其内宽较大，是已有发现中比较特殊的。更为罕见的是，该处的一条恐龙行迹呈现明显的转弯迹象。

该恐龙足迹保存于距今约 2 亿年的下侏罗统珍珠冲组地层中，是已知的亚洲最古老的蜥脚类恐龙足迹，表明重庆地区从 2 亿年前的侏罗纪早期就已经是恐龙生存的家园。

大足区邮亭恐龙足迹

34. 重庆保存规模最大的哺乳动物化石群——万州盐井沟化石群

重庆万州盐井沟哺乳动物化石群是重庆最早研究的化石与保存规模最大的哺乳动物化石群。中国的古脊椎动物学有近一个半世纪历史，而其诞生是以英国人欧文在 1870 年发表的《*On fossil remains of mammals found in China*》一文为标志。这篇文章所描述的是英国外交官罗伯特·斯文侯在上海的中药店收集的产自重庆府的一批化石。之后，德、日科学家又描述了重庆东部灰岩裂隙中的哺乳动物化石。

1921—1926 年，美国纽约自然历史博物馆中亚考察团中负责动物化石调查的古生物学家瓦尔特格兰阶，收购了大量保存精美的化石，并全部用船运至美国纽约保存至今，成为美国自然历史博物馆的精品之一。这批化石就是产自重庆万州盐井沟的哺乳动物化石群，规模堪称重庆哺乳动物化石之冠，保存有多种哺乳动物化石，涉及 7 个目共 29 种。

万州盐井沟哺乳动物化石群

（照片来源于网络）

35. 重庆保存最完整的巨貘化石——盐井沟巨貘化石

巨貘是一种1万年前已经灭绝的动物。巨貘在貘类家族中算是大块头，成年个体身长达2 m，肩高1 m左右，平均体重约500 kg，习性类似于河马。巨貘化石经常发现于我国南方洞穴化石堆积中，而最大、最完整的巨貘化石当属重庆万州盐井沟新发现的100多万年前骨骼化石。盐井沟巨貘在体积上比现生的类型大两倍以上。巨貘可能代表了貘类演化的顶点，比任何一种现生的类型更加特化，差异程度明显，显示了貘演化的最终趋势。

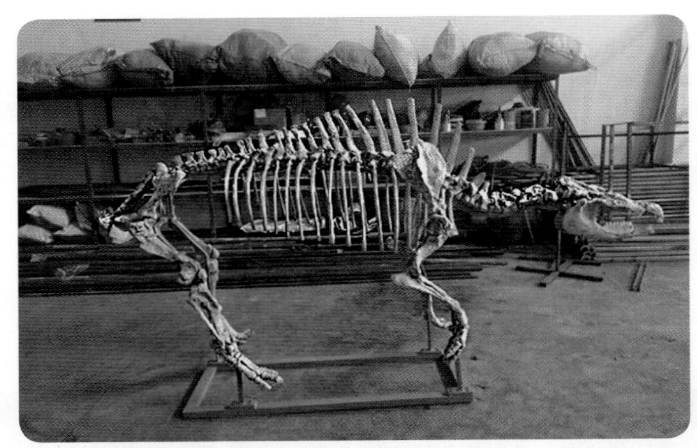

巨貘化石及现生貘类

（下方照片来源于网络）

36. 重庆最古老最完整的大象——东方剑齿象

如果回到百万年前更新世的重庆，你就能看到成群的野生大象自由惬意地生活在河边林中，这就是东方剑齿象。东方剑齿象在分类学上属于剑齿象科、剑齿象属，是脊齿型真象最为繁盛的一个属。古生物学家在万州盐井沟发现了东方剑齿象的完整化石。这些远古大象的化石发现于岩石裂隙中的黏土中，身体的骨骼基本保存完整，如今已经将其装架站立在博物馆中，供人们瞻仰其风采。

东方剑齿象

（照片来源：张锋）

37. 重庆最古老的熊猫——龙骨坡熊猫化石

熊猫是中国的国宝。今天我们可以在动物园看到它们憨态可掬的身影，科学研究也表明熊猫曾经在重庆的山林中生活过。重庆最古老的熊猫，当属巫山龙骨坡产出的大熊猫化石——小种大熊猫。小种大熊猫化石年代测定距今 180 万—248 万年，是目前中国发现的最早的小种大熊猫化石。小种大熊猫已经被公认为是大熊猫的老祖宗，这表明大熊猫不但起源于龙骨坡，而且还在长江流域进化繁衍。

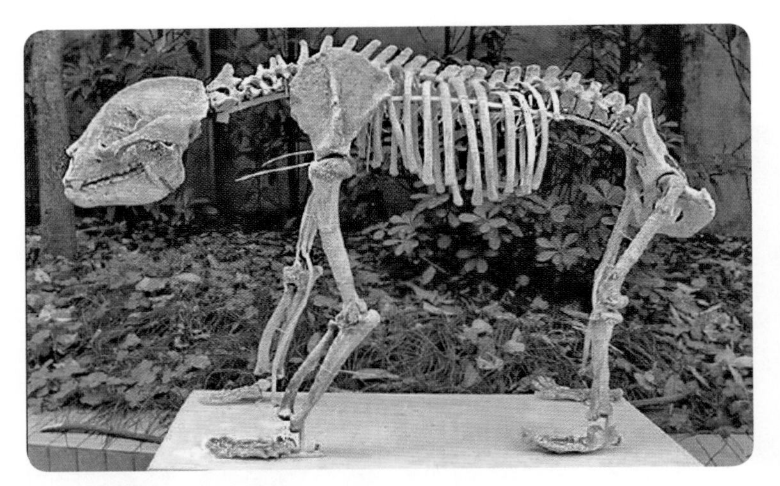

大熊猫化石

（照片来源：张锋）

大熊猫

（照片来源于网络）

38. 重庆最古老的乌龟——侏罗纪的蛇颈龟

重庆最古老的乌龟当属蛇颈龟，目前已经在几个区县的侏罗纪红层中都发现了蛇颈龟化石。蛇颈龟是一类比较古老的龟类，它们生活在 1.4 亿 ~ 1.1 亿年前晚侏罗世到早白垩世，个体大小中等，甲壳常呈椭圆形，背甲长度一般为 250 mm 左右，也有 200 mm 或 300 mm 的。现代已经没有蛇颈龟，但它的形态构造与现生龟类没有很大差别。它们都具有一副坚固的背腹甲，甲由内外两层组成，即来自表皮的外层的角质盾片和来自真皮的内层的骨质骨板。不同数目、形状的盾片和骨板的交错排列，使甲壳十分牢固。身躯隐缩在甲壳之中，只让头、尾和四肢伸出壳外活动，这一点与现代乌龟十分相像。当然在甲壳的具体构造上，蛇颈龟与现生龟类还是有差别的。这一事实，说明了一亿多年来龟类的进化比较缓慢，具有一定程度的保守性，也说明了在蛇颈龟出现之前，龟类已有一段漫长的进化历史。

蛇颈龟化石

（照片来源：张锋）

39. 重庆最古老的鳄鱼——恐龙时代的西蜀鳄

今天我们可以去重庆渝北区的鳄鱼中心观赏嗜血凶猛的鳄鱼，可是鲜为人知的是，重庆境内早在侏罗纪恐龙时代就有鳄鱼了。1953 年，在永川双石桥发现了重庆西蜀鳄化石。重庆西蜀鳄是一种具有眶前孔、带有边缘锯齿的牙齿和特殊腭面结构的鳄类。这种鳄鱼的颅平台的形状并不如最初所认为的那样中间凸出，上颌骨不组成外鼻孔的边缘，外鼻孔的位置靠前。重庆西蜀鳄是一种中等大小的鳄类，吻窄而伸长，体表被有厚重的骨质甲板，生活在中侏罗世（距今约 1.6 亿年前）时期的河流和湖泊中。

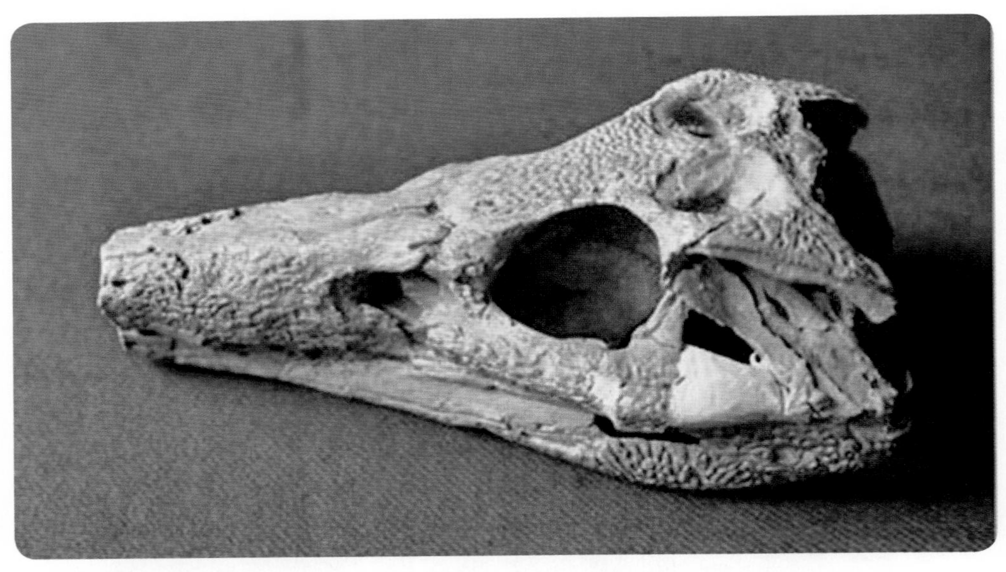

重庆西蜀鳄化石

（照片来源：张锋）

40. 重庆最古老的鱼——侏罗纪的四川渝州鱼

重庆境内的岩层中产出有众多鱼类化石，而其中最古老的鱼类或者说重庆第一鱼当属四川渝州鱼。它在重庆大坪肖家湾、丰都与长寿区都有发现。这种鱼在分类学上属于褶鳞鱼类，是一种中等大小鱼类，长度 30 ~ 40 cm，身体呈长纺锤形，头比较短小，胸鳍和腹鳍很发达，臀鳍较大，尾鳍半歪型。鳞片长大于宽，鳞片外露部分具有发达的纵沟。

四川渝州鱼生活在侏罗纪中期（大约 1.4 亿年前）重庆的河流湖泊里。虽然今天发现的化石并不多，但从今天鱼类的规模可以推断在侏罗纪王国的江河湖中有数不清的四川渝州鱼在畅游。四川渝州鱼是四川盆地一种特有的鱼类，这是一种新类型的褶鳞鱼，化石被发现之后，古生物学家以重庆的古称——渝州为属名对其进行了定名。

四川渝州鱼

（照片来源：张锋）

41. 重庆最早的水生爬行动物——杨氏璧山上龙

侏罗纪时期，重庆是恐龙占据统治地位，但也有其他的爬行动物生活在重庆山水之中，这其中有一类动物生活在恐龙无法涉足的水体领域，这就是杨氏璧山上龙（蛇颈龙的一种）。杨氏璧山上龙化石发现于璧山县梓桐公社高桥大队团堡坡，地层时代是早侏罗世自流井组东岳庙段（距今 1.8 亿年前）。化石是一个中等大小的蛇颈龙，为一幼年个体，全长约 4 m。当时恐龙也刚刚登上历史演化舞台，所以上龙是和恐龙同时期出现在重庆的。

蛇颈龙主要生存于海洋环境，非海相沉积物中的蛇颈龙化石还见于英国、加拿大和澳大利亚。重庆除了璧山上龙以外，还发现了澄江渝州上龙与云阳的上龙化石，这些都是在中国发现的淡水蛇颈龙类。通过对动物和植物群的研究表明，当时四川盆地为亚热带淡水沉积。杨氏璧山上龙的发现为研究蛇颈龙入侵淡水环境增添了更多信息。虽然重庆的淡水蛇颈龙类标本都很破碎，但它们在地理和时代上的广布性表明：在蛇颈龙类的大部分历史时期中，淡水种类是普遍存在的。

杨氏璧山上龙

（照片来源：张锋）

42. 重庆最古老的动物化石——古杯动物

重庆境内有很古老的岩石，在大约 6 亿年前的岩石中应该有肉眼无法看到的微体化石，而我们可以野外观察到的最早实体动物化石就是古杯动物。古杯动物是寒武纪大爆发时期出现的一类演化非常快的、不具有骨针的海绵动物。长期以来，古杯动物一直被认为是无脊椎动物中一个最古老的独立门类，它兴盛于寒武纪早期的早中期（大约 5.4 亿年前），寒武纪早期的晚期（大约 4.9 亿年前）已灭绝，延续地质时间不到 2 000 万年。在重庆城口县境内出露有大量的古杯化石，形成了生物礁。它们圆圆的外观并不起眼，但它们却是重庆化石的老祖宗，其他的化石无论如何精彩也必须顶礼膜拜。

古杯动物

（照片来源：张锋）

43. 重庆最大规模的生物礁——城口志留纪生物礁

重庆境内分布有几处生物礁，而其中的冠军当属城口县境内的志留纪生物礁。生物礁沿着山脉分布，出露面积推测可达数平方千米。以桃园的出露点为例，该生物礁在分类上为一点礁，由于构造作用，出露在一山包顶部。因风化而呈红色，局部为黑色，与周边的岩层形成了显著的反差，因露头显示面局限而无法界定礁体形态学轮廓。礁体出露部分为与水平大约 40° 的夹角的斜向厚层岩层，最高一层的右侧部分发生弯曲而倾斜角度骤然增大到 80° 左右，形成一弯折层。出露剖面可以分为 4 层，总厚度大约 10 m，推测在该地层之上应还有生物礁层出露。从坡面大量含有蜂巢珊瑚、层孔虫、藻类、苔藓虫、腕足类与单体珊瑚等情况，可以推断出该处生物礁的范围应该比出露部分要大许多。

城口志留纪生物礁

44. 重庆最长的木化石——綦江马桑岩木化石

重庆境内很多地方都产有木化石，而最大最长的木化石是产在南部的綦江区境内。綦江区马桑岩山坡上产有 10 多根木化石，其中最长的一根出露可达 22 m，后来经过打钻探测长度总计可达 26 m，直径可达 1 m 多。这在重庆所有的木化石中是最长的，同时也是西南地区最长的硅化木，国内也名列前茅。这根重庆乃至西南木王在野外植株主干呈圆形、椭圆形。外皮呈桂皮状，厚 0.5 cm，极易脱落。部分木化石表层呈褐黄色，是褐铁矿化的结果。根据所采样品制作的大量切片进行显微镜下微观结构观察表明，马桑岩木化石属于松柏类植物，极有可能是苏格兰木。

綦江马桑岩硅化木

（照片来源于网络）

45. 重庆最独特的木化石——綦江古剑山木化石

重庆境内木化石众多，不但有西南木王，而且还有一种国内仅有的木化石类型——綦江古剑山木化石。古剑山木化石在公路两侧均有大面积的出露，其中左侧边坡出露面积 1 265 m^2，产出木化石 46 处；右侧边坡面积 526 m^2，产出木化石 61 处。与马桑岩木化石群平行于岩层面坡面的赋存状态不同，古剑山木化石多垂直或近垂直于坡面，长度一般在 1 m 以内，野外观察多为横截面，形状多为近椭圆状或近菱形，总体长轴直径在 60 ~ 70 cm，最大的一块长轴直径约 74 cm。

所有木化石均受到矿化作用，树皮发生炭化与褐铁矿化，呈现桔色、黄色及红色等混合的彩色花纹。质地较脆，锤击可敲碎。从横截面可以观察到树木周边包裹一薄层类似沥青的黑色物质，中间则为暗色物质。树皮表面疤结木质纤维结构均可观察，其内次生木质部则经历了多种矿化，包括硅化、钙化与褐铁矿化等。木化石外层遇火可燃，能闻到一股浓烈的橡胶味。通过对解剖特征的研究可以判定古剑山木化石为贝壳杉型木。

古剑山木化石的独特之处在于木化石上存在有白色同心圆圈，成因不明。此种现象加上周围包裹的黑色物质，使得古剑山木化石成为重庆乃至国内最为独特的木化石。

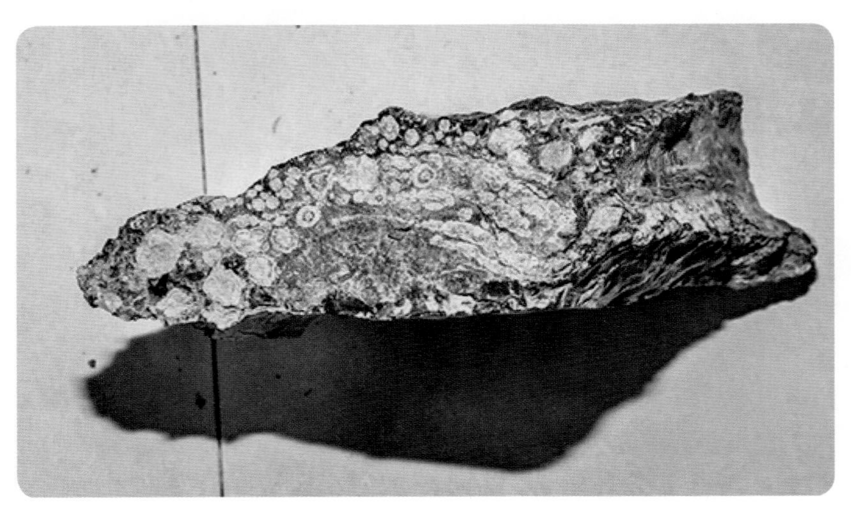

綦江古剑山木化石

46. 重庆最壮观的侏罗纪虫迹化石——万州铁峰山虫迹化石

近些年来，重庆境内陆续发现有很多遗迹化石，而其中侏罗纪时代规模最为壮观的当属万州铁峰山遗迹化石。高丰度的遗迹化石分布于页岩与介壳灰岩两种沉积物的界面，即介壳灰岩的底板之上。铁峰山中的半山腰路旁的一块大滚石表面出露面积大约 15 m^2，在附近亦发现多处有此类遗迹化石的巨石块。遗迹化石密布于巨厚灰岩的底板，凸起于岩层表面，因此化石的实际面积远不止于出露面积。遗迹属于底生迹或者下浮雕。遗迹化石鉴定为古藻迹，这种古藻迹的规模不仅是重庆最为壮观，在国内也是首屈一指，世界范围内亦不多见，堪称“万虫奇观”。

万州铁峰山遗迹化石

47. 重庆出露面积最大的侏罗纪遗迹化石——梁平明月山虫迹化石

重庆梁平境内明月山中发现有重庆最大面积的遗迹化石。化石产出于梁平县礼让镇玉石村明月山体半山腰位置，在一处斜倾约 45° 岩层形成的洞内。化石大面积出露在一巨厚岩层的斜面之上，部分出露，部分为岩层所覆盖，面积约 1 500 m^2。化石均为虫管状，虫管管道长短和厚度均多变，厚度为 5 ~ 10 cm。化石岩层旁侧的岩层中产出有介壳灰岩层，根据四川盆地内分布广泛的侏罗系最下部自流井组东岳庙段的介壳灰岩层，初步判断该遗迹化石的时代应该为侏罗纪早期（约 1.8 亿年前）。目前为重庆出露面积最大的遗迹化石，也是全国面积最大的侏罗纪遗迹化石。

出露遗迹化石的洞口

洞内斜壁上的遗迹化石

（照片来源：张锋）

48. 重庆最大规模的志留纪遗迹化石——石柱新乐遗迹化石

重庆不仅有最大规模的侏罗纪遗迹化石，还有志留纪最大规模的遗迹化石，这就是产在重庆石柱县新乐乡志留纪小河坝组的大规模的遗迹化石——锯齿迹。该化石为一种研究程度较高的常见遗迹化石，用来定义元古代与显生宙之间的界线。锯齿迹之前主要发现于寒武纪与奥陶纪，在志留纪从未有过报道。此次在志留纪早期发现大规模该类遗迹化石，增大了该类化石的地层时代范围。且在小河坝组上部发现的遗迹化石，较以往小河坝组发现遗迹化石的下部层位更新，是小河坝组新层位发现的遗迹化石。与侏罗纪的情况一样，重庆石柱志留纪锯齿迹同样是全国规模最大的志留纪遗迹化石。

石柱新乐遗迹化石

49. 重庆最大规模的海百合化石——城口海百合化石

重庆最大规模的海百合化石位于重庆东北城口县境内，在沿着主要山脉十几千米范围内的数个地点都有大规模的出露，面积非常巨大，为重庆之冠，在全国范围内也十分罕见。化石时代为志留纪早期，化石类型全部为海百合茎，在岩石当中分布密集。4 亿多年前海洋中的婀娜身影，经过漫长的地质时期，凝固成美丽的海百合茎灰岩。

城口海百合化石

50. 重庆保存面积最大的叠层石——酉阳叠层石

重庆保存面积最大的叠层石出露在渝东南酉阳县，时代为寒武纪（距今约 5 亿年前）。从北至南，绵延达上百千米，在几百平方千米范围内均有出露，为中国南方之最，可能也是国内保存面积最大的叠层石。化石成因初步解释为，蓝藻在周期性生长过程中不断吸收沉积物质并粘合在一起而形成。化石呈现出明暗相间条带，判断为蓝藻白天阳光充足生长快速而晚间光线微弱生长缓慢的结果。因此，野外可观察到黑白相间的纹层形成的精美纹理，类似花朵盛开。

叠层石是一种改变地球演化历史的化石，正是叠层石让地球大气氧气含量急剧升高，而为后来生命演化的宏大历史打下了基础。叠层石在前寒武纪十分发育，而在进入寒武纪之后，随着后生动物的崛起而衰落。古生代的化石记录较少。因此，重庆酉阳的叠层石不但美丽，而且十分珍贵。

酉阳叠层石

51. 重庆境内中国第一具自主研究装架的恐龙——许氏禄丰龙

许氏禄丰龙是原蜥脚下目恐龙的一个属，生存于侏罗纪早至中期的中国西南部。化石标本发现于中国的云南省禄丰，是中国所发掘最古老的恐龙之一。许氏禄丰龙是中国第一具装架的恐龙化石，1941 年在重庆北碚装架展出，由中国古脊椎动物学的奠基人杨钟健院士于 1941 年研究命名，被称为“中国第一龙”，是中国古动物馆的镇馆之宝。北碚也因此成为重庆最早进行恐龙研究的地方。

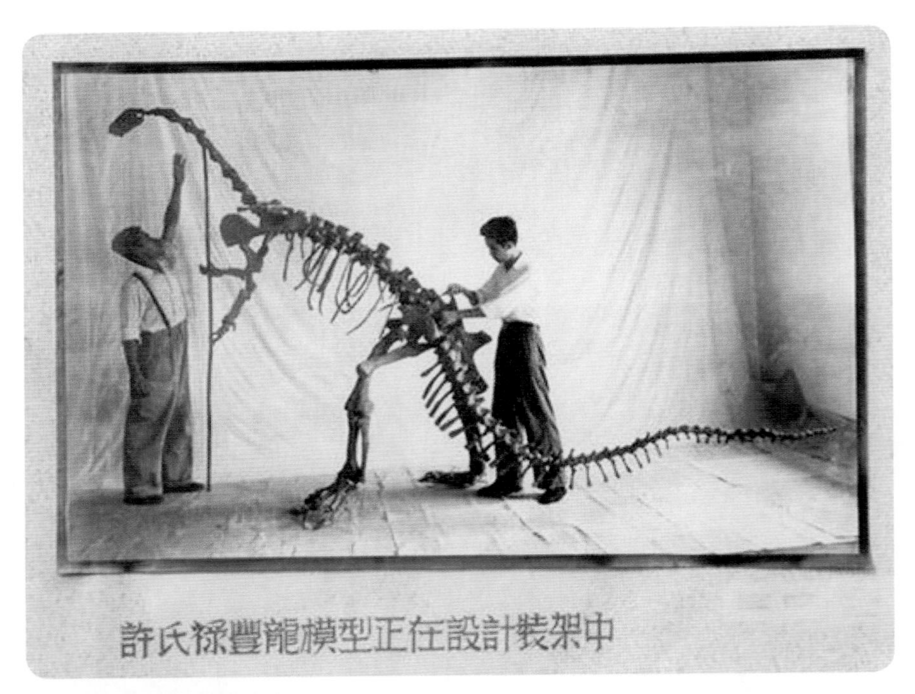

装架中的许氏禄丰龙

（照片来源于网络）

三、水文与水文地质之最

水是生命之源，是人类社会生存和发展不可缺少的物质。自然界中，水千变万化，或化为云雨，或化为江河，或结为冰雪，或潜入地下。其形千姿百态，或泉眼无声惜细流，或飞流直下三千尺，或不尽长江滚滚来，或惊涛拍岸，卷起千堆雪。重庆地处长江流域上游，长江与嘉陵江交汇处，依山傍水，因江而兴，因水而盛。市内有蜚声中外的长江，有以天险著称的乌江，有长江支流流域面积最大的嘉陵江，还有众多独特的支流如大宁河、涪江、阿依河，等等。重庆除众多的地表水体外，还有丰富的地下水，特别是渝东北的大巴山、渝东南的武陵山地下水蕴藏量巨大，有众多的地下暗河和数不清的泉眼，构成了奇特的自然奇观，形成了丰富的旅游资源。在众多的地下水中，重庆还有得天独厚的地热温泉。由于重庆地热资源丰富，开发利用历史悠久，通过科学规划，合理开发管理，温泉旅游业发展迅速，2012 年被授予“中国温泉之都”。

52. 重庆境内最长的河流——长江

长江发源于中国青海省唐古拉山各拉丹冬雪山的姜根迪如冰川中，全长 6 397 km，其长度位列世界第三，仅次于非洲尼罗河及南美洲亚马逊河。但长江是世界上最长的完全在一国境内的河流。长江也是世界第三大流量河流，其流量仅次于亚马逊河及非洲刚果河。从源头青海各拉丹东到湖北宜昌是长江的上游流域，长约 4 500 km，从宜昌到江西湖口则是长江的中游流域，长 950 多 km，从湖口到上海的长江入海口，是长江的下游流域，长约 940 km。整个长江水系流经 19 个省、市、自治区，流域面积达 180 万 km^2，占中国陆地面积的 18.8%。长江和黄河一起并称为“母亲河”。

长江在重庆境内长度约 665 km，现今主要位于三峡水库区域内，水位周期变化，比降小、流速缓慢，流态平稳。三峡水库根据防洪、通航的需要在 145 ~ 175 m 水位间运行。

学术界普遍认为，长江最早可分为东西两段，西段沿古金沙江自北向南流入今澜沧江，在云南西南部的南涧海峡流入印度洋，这是西部古长江的雏形。东部古长江自黄陵一带向东流向太平洋。在喜马拉雅运动作用下，青藏高原和云贵高原显著抬升，地势转为西高东低，古西长江改道东流，近东南切穿多道平行岭谷，形成猫儿峡、铜锣峡、明月峡、黄草峡等峡谷，其间为宽谷，河谷形态呈藕节状。在涪陵以下遇方斗山、七曜山阻挡，顺应地形转向东北流入万州，江面阔宽，阶地发育。在万州、云阳开始向东冲切。在新构造运动作用下，三峡地区山脉不断阶段性抬升，长江不断下切，大约在 200 万年前，最终切穿七曜山、巫山、黄陵等高山险阻，形成举世闻名的长江三峡，东西古长江贯通，滚滚东流入海。

长江重庆段最著名的自然景点有长江三峡中的巫峡、瞿塘峡、大宁河小三峡、神女峰等，人文景观有奉节白帝城、云阳张飞庙、忠县石宝寨、丰都鬼城、涪陵白鹤梁等。

长江

（照片来源于网络）

53. 重庆境内长江流量最大的支流——嘉陵江

嘉陵江是长江重庆段支流中流量最大的河流，多年平均流量 2 100 m^3/s，年均径流量 662 亿 m^3，也是长江支流中流域面积最大的河流。嘉陵江发源于秦岭北麓的宝鸡市凤县，因凤县境内的嘉陵谷而得名。流经陕西省汉中市略阳县，穿大巴山，至四川省广元市元坝区昭化镇接纳白龙江，南流经四川省南充市到重庆市注入长江。全长 1 119 km，流域面积近 16 万 km^2。

嘉陵江重庆段全长 173 km，属其下游段，河流流经川东平行岭谷，宽窄相间。河谷流经背斜时形成峡谷，河谷宽 100 ~ 200 m；流经向斜时，河谷宽 200 ~ 400 m；主要峡谷有沥鼻峡、温塘峡、观音峡。

嘉陵江

（照片来源于网络）

54. 重庆最长的倒流河——任河

我国河流受“西高东低”的地势影响，大小河流从西至东、由北向南为常规。然而，在大巴山腹地流淌了数万年的任河却反其道而流之，先由东南向西北，再击穿大巴山山脊折而向北流淌，从川入陕，在巴山北麓陕西紫阳县城汇入汉江。

“长江向东，汉水向南，任河向北”，任河发源于重庆城口、巫溪河陕西镇平交界的大燕山（古名为万倾山）三棵树一带，流经重庆城口、四川万源、陕西紫阳三省市共 16 个乡镇，流域面积 4 871 km^2，覆盖 33 个乡镇及办事处，全长 221 km，是名副其实的我国最长的倒流河。

任河上游城口县拥有“中国钱棍舞之乡” “中国生态气候明珠” “大中华区最佳绿色生态旅游名县” “中国绿色生态板栗之乡” “中华蜜蜂之乡 ”等荣誉称号。

任河

（照片来源于网络）

55. 重庆最大湖泊——长寿湖

长寿湖位于长寿区长寿湖镇，因地处长寿区境内而得名，是 20 世纪 50 年代修筑狮子滩水电站拦河大坝后形成的人工淡水湖，是我国西南地区最大的人工湖，其水域面积达 65.5 km^2，一般水深 15 m 左右，最深处 50 m，库容 10 亿 m^3。

1997 年，长寿湖被命名为“重庆市新巴蜀十二景”之一“长湖浪屿”。203 个大小岛屿星罗棋布，湖湾岛汊交织，浅滩成片，建有野生动物自然保护区，栖息着 42 种鸟类、28 种水禽。区内湖岛和岸之上林、泉、瀑、岩、洞浑然天成，寺、庙、观、亭、寨异彩纷呈。

长寿湖

（照片来源于网络）

56. 重庆长江三峡工程内最大人工湖——开州汉丰湖

汉丰湖位于重庆市东北部的开州区境内，东西跨度 12.51 km，南北跨度 5.86 km，常年蓄水 170.28 m 以上，水域面积 15 km^2。汉丰湖因三峡工程而生，由境内两江汇成，是举世瞩目的长江三峡工程建设而形成的世界上独具特色的人工湖。开州移民新城坐落在湖畔，构成“城在湖中，湖在山中，意在心中”的美丽画境，汉丰湖四山环抱，与城市和谐共生，拥有独特的滨湖湿地、风雨廊桥、举子公园、刘伯承同志纪念馆（故居）等自然与人文景观。

汉丰湖风景区于 2012 年 10 月荣膺“国家水利风景区”称号。2014 年 12 月，开州汉丰湖风景区正式被国家旅游局批准为国家 AAAA（4A）级风景名胜区。2015 年 12 月，开州汉丰湖入选长江三峡“30 个最佳旅游新景观”之一。

汉丰湖

（照片来源于网络）

57. 重庆最大的地震堰塞湖——黔江小南海

黔江小南海位于重庆市黔江区小南海镇，与湖北省咸丰交界，距黔江城 28 km，系 1856 年地震活动截断河流堰塞成湖。湖内海拔 370.5 m，面积 2.87 km^2，湖水终年碧绿如玉，湖周青山拥立，湖光山色，景色怡人，是一个融山、水、岛、峡、地震遗迹奇观、民族风情为一体的自然风景区，具有国家地质公园、国家 4A 级旅游区、国家地震遗址保护区、全国防震减灾科普宣传教育基地等多项桂冠。

地震发生于 1856 年 6 月 10 日，震中位于黔江区小南海与湖北省咸丰县大路坝之间，东经 108.8°、北纬 29.7°，震源深度 8 km，震级 6.25 级，烈度 8 度。黔江县志记载“咸丰六年五月壬子，地大震，后坝山崩。倏中断如截，响若雷霆，地中石亦迸出，横飞旁击，压毙居民数十家，溪口遂被堙塞……豬为大泽，泽名小瀛海，土人讹为小南海云”。

小南海

（照片来源于网络）

58. 重庆最大地下水库——北碚海底沟地下水库

海底沟水库位于北碚区复兴镇境内华蓥山余脉龙王洞山的腹地，为我国西南地区目前已建成最大的地下水库。这座水库独特之处在于，从外面丝毫看不出一般地表水库的痕迹，但它却有足足两个重庆市渝中区的面积大小。而且这座水库没有产生一个移民，没有淹没一分土地，却灌溉着数万亩土地，堪称奇迹。

水库的建设纯属 50 年前的一次偶然。1966 年 8 月 26 日，地处四川省江津地区江北县龙王乡（现重庆市北碚区复兴镇）海底沟的江北煤矿的 4 号井口采矿过程中遇突水，后采取人工爆破泄水。前 3 日，排出水量总计近 500 万 m^3；72 天之后，即当年的 11 月 6 日，日出水量还有 8.2 万 m^3 之多。后经地质专家勘查，得出的结论是：地下巨洞的含水层面积达 64 km^2，库容为 1 340 万 m^3，年平均补水量 441.5 万 m^3。后来政府利用地形条件，在矿井里堵炮眼安闸阀，建设一座“不占一分地，不产生一个移民”的地下水库。

从洞口进去 1 000 多 m 的地方，就是当年工人发现有突水迹象的地方，如今已被封死，成为水库的大坝，三根巨大的管道延伸至地下暗流的深处。

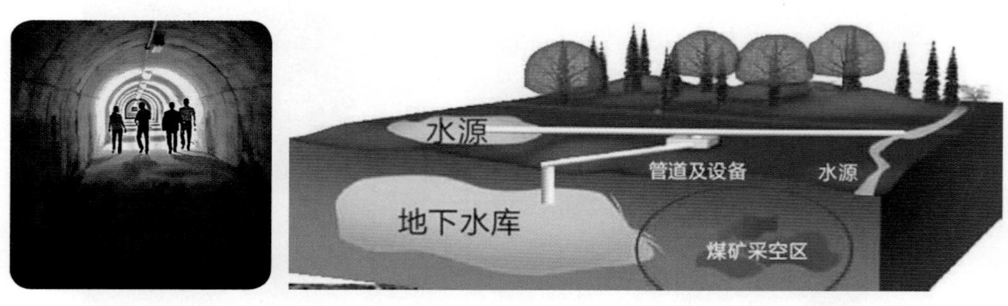

海底沟水库

（照片来源于网络）

59. 重庆最宽的瀑布——万州大瀑布

万州大瀑布位于万州区甘宁镇甘宁村，海拔 208 m，瀑布高 64.5 m，宽 115 m，瀑布面积达 7 417.5 m^2，为“亚洲第一宽瀑”。其独特之处还在于瀑布的走向呈弓形，这使得瀑布成为名副其实的水帘洞。沿着瀑布内部的小道前行，从瀑布里面眺望外面的景色，另有一番滋味。瀑布之下有一约 2 000 m^2 的石洞，造形奇特，令人神往，是游人坐洞观瀑的绝佳去处。

瀑布周边还有青龙河、观音洞、水帘洞、白鹭栖息地、黑马崖等自然景观，历史人文景观有三国东吴大将甘宁故里、何其芳故居、万州古桥陆安桥、瀼渡电站、葵花堡寨、古栈道、三仙洞等。

万州大瀑布

（照片来源于网络）

60. 重庆最高瀑布——江津望乡台瀑布

望乡台瀑布位于重庆市江津区四面山景区内，距市区约 140 km。四面山系地质学上所谓“倒置山”，即地表起伏与地质构造起伏相反的现象，也称逆地形，属云贵高原大娄山北翼余脉。因山脉四面围绕，得名四面山。山势整体南高北低，最高峰蜈蚣岭海拔 1 709.4 m，最低处海拔 560 m，占地 240 km^2。

四面山海拔 800 m 以上湖泊有 8 个，形成规模宏大的高山湖泊群，水域面积达 5 km^2，80% 的水域达到一级水质。垂直落差在 100 m 以上瀑布有 3 挂，80 m 以上瀑布有 11 挂，50 m 以上瀑布有 37 挂，有“千瀑之乡”的美誉。

江津望乡台瀑布高 158 m，宽 48 m，比著名的黄果树瀑布高出一倍以上，堪称华夏第一高瀑。“千丈丹岩作巨幕，片片云霞缠锦带”，描绘出一幅雄奇、壮观、高贵、典雅的山水画卷。四面山望乡台瀑布的绝妙之处不仅在于飞瀑高出九天外，水声如雷，震山撼谷；更在于晴朗之日，经阳光的折射，赤、橙、黄、绿、青、蓝、紫的彩虹融入飞瀑，在山谷间架起的一座令人神往的彩虹桥。只要是夏季晴朗之日，每天上午 9 点到 11 点左右，望乡台瀑布彩虹几乎都会准时出现，堪称一绝。

望乡台瀑布

（照片来源于网络）

61. 重庆最大暗河瀑布——巫溪白龙过江

巫溪白龙过江瀑布位于巫溪庙峡内。瀑布水源为一暗河河水，瀑布口即为暗河出口。以前暗河水量大时，瀑布飞泻而下，溅射在江边岩石上，反弹起的水柱如一条矫健的白龙般飞跨过江，汹涌壮澜，蔚为壮观，形成“飞瀑峡中过，舟从瀑下行”的天下奇观。如今因暗河中段修建水库将河水引出，水量减小，已难以再现昔日奇观。但若遇上雨后晴朗天气，瀑布溅射起的水雾形成美丽的彩虹，犹如架在江上的一座彩桥，清新美丽。

巫溪白龙过江

（照片来源于网络）

62. 重庆最长的暗河——奉节龙桥暗河

奉节县龙桥暗河是重庆市最长的暗河，也是世界上最长的暗河。龙桥暗河位于中国湖北恩施与重庆奉节之间，总长度为 50 km。

龙桥暗河从重庆奉节县南端的龙桥乡潜入地下，其入口属于分水岭北坡，按常理说，地下水和地表水应该往北面的天坑地缝和长江方向流，但龙桥暗河却执拗地向南切穿 2 000 m 高的分水岭主脉，在板桥境内流入沐抚大峡谷，形成清江支流云龙河。据称在暗河之上，还有竖井 108 口，每逢冬季就如同古长城之上升起的狼烟。经过 10 年的艰难探索，2004 年 7 月 29 日，中法探险队第 5 次来到这里，通过 12 天的艰苦探险，在暗河入口处投放颜料，运用 GPS 卫星定位仪和示踪试验，终于在湖北恩施的板桥地区发现了暗河出口，从而准确测出龙桥暗河全长 50 km。龙桥暗河既是一条典型而复杂多变的完整暗河系统，又是一条穿越长江、清江流域间的分水岭的地下暗河。

龙桥暗河出口

（照片来源于网络）

63. 重庆主城最著名的四大温泉

重庆的温泉历史悠久，据史料记载，最早在明朝嘉庆年间（公元 1522 年至 1566 年），就有人用温泉水沐浴，到 20 世纪 20 年代，正式将温泉开发利用建成浴室，供人使用。现重庆的温泉星罗棋布，已开发的有数十处之多，其中又以东、南、西、北的四大温泉最为著名。这些温泉还与许多人文历史联系在一起。

东温泉：东温泉坐落在重庆市巴南区东温泉镇境内，离重庆市中心 68 km。该地群山环抱，重峦迭嶂，翠竹茂密，河水清澈，景区内有山、水、林、泉、洞、瀑等自然景观。

当地泉眼甚多，分布在河边、竹林和溶洞中。溶洞中的泉水有冷泉和热泉之分，冷泉凉爽清新，热泉则温暖舒适。

在东温泉的白洋坝山脚下的热洞，洞内有一股温度 39 ℃的泉水，由于洞口较小，洞内温泉的热气散发缓慢，因而形成了一个天然的桑拿浴场。这种天然桑拿的感觉远远胜过人工桑拿，加上气雾中含有多种微量元素，对人的皮肤和健康都有很好的益处。

东温泉

（照片来源于网络）

南温泉：南温泉坐落在重庆市巴南区的南泉街道境内，离重庆市中心约 18 km。据史料记载：在明朝万历年间（公元 1578 年）当地发现温泉，到 1920 年才开始利用。抗日战争期间重庆成为陪都时，因南温泉离市区较近，兼之山清水秀，又有温泉，南温泉即被开发成风景区，并将温泉水开发为温泉浴池。当时的国民政府主席林森在南泉建文峰半山腰建有公馆。时任国民政府财政部长孔祥熙在南泉也建了孔公馆（后称孔园）。

1962 年，南温泉每天流量从 720 m^3 降到 408 m^3。后来政府委托专业单位在 1977 年 3 月打出了重庆市第一口钻井地热水，出水量达 1 300 余 m^3/天，水温 42 ℃，实现了保温增量的目的。现在南温泉每小时流出温泉水约 30 t，水温稳定，保持在 40 ℃左右，很适合人体温度。

南温泉属喀斯特地貌，溶洞甚多，有仙女洞、天门洞、金库洞、龙泉洞、猫儿洞等。特别是仙女洞，洞内空间高阔，塑有一尊亭亭玉立婀娜多姿的仙女，洞内冬暖夏凉，成为重庆炎热夏天纳凉的好去处。20 世纪 50 年代，贺龙、郭沫若、黄炎培、赵熙、张爱萍等知名人士都在此游览过，有的还留下了他们的墨宝诗词。1998 年，南温泉被重庆市评为“重庆市十佳旅游风景区”。2007 年 10 月 18 日，经中国矿业联合会组织有关专家对巴南区境内的东温泉、南温泉、桥口坝温泉作了实地调查后，确认巴南区为全中国“第十个温泉之乡”，这是中国西南地区被命名的第一个“温泉之乡”。

南温泉

（照片来源于网络）

西温泉：西温泉在重庆市铜梁区西泉镇境内，该处峡谷西口有一个常年喷涌温泉的泉眼，日出水约2 000 t，常年水温在35 ℃左右，因该泉位于重庆市西边，故称“西温泉”。

西温泉最早发现于16世纪。当地最大的特点是抗日人文历史丰富。1937年7月7日，抗日战争全面爆发后，国民政府随即迁都重庆，许多国民政府军政要员，为避日本的飞机轰炸，就纷纷到离市区较远的、当时的铜梁县西温泉峡谷中，修建别墅、公馆，既防空又避暑。时任国民政府军事委员会委员长蒋介石、主席林森、国民政府军事委员会副参谋长白崇禧、侍从室主任钱大钧等人，均曾在西温泉地区修建公馆。其间，张群和爱国将领冯玉祥、张治中等，也到西泉镇逗留休息过。著名的小提琴演奏家马思聪，曾在西泉举行过演奏会。蒋介石的夫人宋美龄在1939年主持的中华赈济会，选择在西温泉黄家坡创立了中华女子赈济工艺社，招收了当地的贫困妇女数十人学习从事纺织业。

当时的国民政府主席林森，在西泉的老鹰岩嘴上修有一座公馆，占地1 380 m^2，采用石木结构，集中西建筑风格于一体，修得十分讲究。为解决国民政府要员子女在西温泉的读书问题，在时任国民政府军事委员会副参谋长白崇禧的主持下，在西温泉建起了西泉小学和西泉中学，由他任学校董事长。

西温泉

（照片来源于网络）

北温泉：北温泉位于重庆市北碚区缙云山麓温塘峡中，这里幽静绝尘，林木茂密，依山傍水，景色宜人。当地温泉属硫酸盐型，含钙丰富，温泉水日流量达 5 600 多 t，水温在 35 ~ 37 ℃。

北温泉与佛教文化和众多名人联系紧密。公元 423 年，在此修建起了第一座佛教寺庙——温泉寺，随后又建了一批庙宇。十三世纪初叶，因山岩坍塌，众多寺庙随之被毁。到明朝德宣元年（公元 1426 年），在山上又修建起关圣殿、大佛殿。清朝同治二年（公元 1862 年），又建起观音殿。

《马可波罗游记》和明万历《合州志》等书称，蒙军大举攻蜀后，于合川久攻钓鱼城不下，蒙哥汗亲率大军攻城，后负伤，蒙军自钓鱼城撤退，行至金剑山温汤峡（今重庆北温泉），蒙哥汗逝世。

现北温泉建有荷花岛，岛上鲜花环绕，池岸桃红柳绿。五龙壁上五条巨龙形态逼真，活灵活现，各条龙口喷射出股股泉水，喷向池中，溅起涟漪浪花，十分壮观。各种花卉，千姿百态，争奇斗艳，引来无数中外游人观赏。北温泉已兼容了沐浴、游泳、观赏、休闲和旅游等多种功能。

北温泉

（照片来源于网络）

64. 重庆最深的地热井——江津珞璜地热井

重庆江津珞璜地热井井深 2 539 m，是重庆市已实施的地热井中最深的地热井，于 2010 年施工完成。该井口高程 190 m，最大出水量为 1 308 m^3/ 天，井口水温为 62 ℃，是重庆市水温较高的地热井之一。水质类型为 SO_4-Ca.Mg 型水，按理疗热矿水分类属含偏硼酸的氟、锶、偏硅酸理疗低温热矿水，含矿物质较高，微量元素丰富。

该井热储层为三叠系下统嘉陵江组地层，位于中梁山背斜西翼。该背斜两翼嘉陵江组热储地层是重庆市主城区最主要开发利用的热储层。

珞璜地热井

（照片来源于网络）

65. 重庆温度最高的地热井——北碚静观花木 ZK1 井

静观花木 ZK1 井位于重庆市北碚区静观镇素心村，南距北碚约 23 km，距金刀峡风景名胜区约 30 km，交通十分便利。井深 2 296.68 m，出水量为 463~968 m^3/天，水温达 63.5 ℃，是重庆市水温最高的地热井。

静观花木 ZK1 处于观音峡背斜东翼，观音峡背斜顶部高程海拔 800 ~ 850 m，顶部较为平坦，是一古老的夷平面，两翼山坡由于岩性影响，硬质岩石凸起，嘉陵江横切背斜，两岸岩石高耸，气势磅礴，相对高度差达 600 余米。

该井构造上处于观音峡背斜北段东翼，热储层为三叠系下统嘉陵江组、中统雷口坡组碳酸盐岩地层。水质属硫酸盐型、微咸、低温热水，含矿物质较高，微量元素丰富。

静观花木 ZK1 井

66. 重庆水量最大的地热井——璧山金剑山温泉井

金剑山海拔 400 ~ 715 m，现为风景区，中心景区面积 10 km^2，含神女洞、天湖、状元峰、璧温泉、虎峰山—老关口五大片。旧《重庆府志》《璧山县志》载，景区“田肥美，民饶裕，洵巴渝名”。古代诗人赞曰“秀峰遥落青天外，雾锁烟笼璧水滨”。自古以来金剑山就是踏青游览的胜地。

金剑山温泉井位于璧山县城东天桥小区蒋家垭口，距璧山县城约 1 km。热储构造位于温塘峡背斜中段梨树湾高点南端。温泉井热储层为三叠系嘉陵江组灰岩，井口自流稳定水温 46 ℃，自流量为 6 646 ~ 7 320 m^3/天，属一大型医疗矿泉水水源地，是重庆市出水量最大的地热井。目前该地热井已开发利用。

经国家卫生及矿管部门鉴定，温泉富含偏硅酸、偏硼酸，以及硫、钙、镁、锶、氟等多种有益于人体的微量元素，简称“镁锶泉”。

金剑山温泉井

（照片来源于网络）

67. 重庆矿化度最大的地热井——万州长滩地热井

水的矿化度又称为水的含盐量，是表征水中所含盐类的数量的物理量。由于水中的各种盐类一般是以离子的形式存在，所以水的矿化度也可以表示为水中各种阳离子和阴离子量的和。

长滩地热井位于万州区长滩镇沙滩子村，于 2010 年 7 月钻井成功，水温 52 ℃，水量约 2 500 m^3/ 天，井深 1 988 m，水化学类型属 Cl-Na 型。

万州长滩地热井矿化度为 105.67~122.71 g/L，为重庆市已知地热井中矿化度最高的地热井。研究表明，该地热井热水储存地层中，发育有厚度较大的含氯化钠及其他水溶性无机盐类（如氯化钾、氯化镁、氯化钙、石膏及芒硝等物质）地层，且地层中无机盐含量较高。这是万州长滩地热井成为矿化度“冠军”的主要原因。

长滩地热井

（照片来源于网络）

68. 重庆最浅的地热井——武隆盐井峡地热井

2001 年 5 月，在武隆县羊角镇盐井峡乌江北岸开展地热水资源勘查评价中，钻探主井 ZK3（抽水井）井深 40.18 m，井口高程 184.20 m，为重庆市目前地热井中最浅的地热水井。该井距乌江枯水期水边线仅 38 m，受地形等自然因素的制约，出水量受限，井位易被丰水期乌江江水淹没。

重庆市近郊区的多个地热井热水来自三叠系地层中，而盐井峡地热井水则是来自更为古老的寒武系含石盐（NaCl）地层层位，水质类型有较大的区别。

盐井峡地热井温泉

（照片来源于网络）

69. 重庆最有特色的泉水景观

悬挂泉：在万盛黑山谷风景区的悬崖绝壁上，常见泉水从山腰的洞中流出，悬挂在山腰。景区内鲤鱼河上的三叠泉，高约 100 m，泉水终年不断。

潮泉：万盛丛林、彭水火炉、石柱高龙洞、长寿丛林和巴南区丰盛场的潮泉，每隔数小时，泉水自然从洞内涌出，只流淌，不喷射。泉水涌出地面前，常可听见地下发出闷雷般的轰鸣声。

盐泉：大宁河上的巫溪县宝山是著名的盐泉古镇，因该地泉水中含有很高的氯化钠，古人在其附近依山筑屋，家家用泉水煮盐，现遗迹尚存。

三泉：南川金佛山北麓龙岩江畔的三泉村有冷、温、烫三泉一字排开。冷泉在左，温泉居中，烫泉在右，泉水四季不绝。

地震温泉：渝北区统景 1989 年 11 月 20 日发生地震后，形成了 16 个地震温泉，日涌水量达 6 500 m^3 左右。如加上原有的 10 个温泉，新旧温泉日总涌水量超过 1 万 m^3。

喊泉：酉阳县小坝乡龙池村西山麓的巨石下有两穴如鼻孔状的喊泉。无论春夏秋冬，只要有人以小石敲打巨石，并大喊几声，水即涌出，人去水即干涸。

鱼泉：在长江三峡巫峡的南岸，有一长达 10 km、峭壁连天的牌沱河，最有名的鱼泉就在峭壁连天的牌沱河上游河谷中，这里隐藏着 48 眼神奇的鱼泉。每到夏秋雷雨之时，泉水呈股状喷入河中，随之冲出大量活蹦乱跳的鱼。

间歇性对射泉：间歇喷泉位于酉阳县罾潭乡铁索桥南约 1 km 处的阿蓬江左岸江面上约 20 m 的陡岩处，有一直径 40 cm 左右的孔洞，泉水每天 3~6 次喷射水柱到 50 m 外的对岸。喷射时间约 20 分钟，最长可达半小时。在右岸有 12 个小孔洞，喷射出 12 根小水柱。当左右两处同时喷水时，一上一下在江面上空交汇，形成一景。现因乌江彭水电站修筑，江水上涨，已消失。

四、地质灾害之最

自古以来，地质灾害都是困扰人类生存发展的一个重要因素。那什么是地质灾害呢？简单地说，就是由自然因素或人为活动引发的危害人民生命财产安全的不良地质现象，常见的这些现象有滑坡、危岩崩塌、泥石流、地面塌陷、地裂缝、地面沉降等。

近年来，极端天气频发，人类工程活动频率逐渐加大，不断影响着地球表面的自然演化，地质灾害也随之进入了高发易发期。据国土资源部通报，2016 年全国共发生地质灾害 9 710 起，自然因素引发的灾害占 92.1%，人为因素诱发的占 7.9%。无论是哪种原因引发的地质灾害，都会给人类带来生命和财产损失，严重影响地方经济的发展和社会稳定。下面，我们就来看看影响重庆的那些“地质灾害之最”吧。

70. 重庆市内影响长江航道最严重的滑坡——云阳县鸡扒子滑坡

1982 年 7 月 18 日 8 点多，重庆市老云阳县城东 1 km 外的长江北岸发生滑坡，滑坡总体积 1 500 万 m^3，推入长江河床的土石达 230 万 m^3，堆积物直抵江心，并达对岸，江心填高 30 余 m，长江航道出现 600 余 m 的急流险滩。倾刻间，滑入江中的山体使河床断面由 2 700 m^2 缩小到 320 m^2，水深由 30 m 变浅为 8.2 m，航宽由 120 m 变为了 40 m，整个长江航道严重受阻！小场镇上 10 个单位和 1 730 栋房屋，连同一个刚刚建好还未投产的现代化肉联厂，或推入长江，或深埋于泥石中。万幸的是滑坡出现险情时，所有居民已安全转移，无人员伤亡。

最后，各级部门及单位在缺乏滑坡治理经验，又缺少相应设备的情况下，历时 4 年，于 1986 年 3 月 30 日消除了鸡扒子滑坡造成的急流险滩，彻底恢复了长江的正常航运。

鸡扒子滑坡

（照片来源于网络）

71. 重庆治理工程投资最高的滑坡——奉节县猴子石滑坡

猴子石滑坡位于奉节县新县城中心，体积达 450 万 m^3，为基岩切层滑坡。滑坡体上有大量移民迁建单位和居民住宅及市政设施，房屋面积为 20 万 m^2，常住人口为 5 000 人，流动人口为 3 万人。

该滑坡分两期治理：一期工程治理措施为“排水 + 回填压脚 + 护坡”；二期工程治理措施为“阶梯型置换阻滑键 + 水下抛石 + 护坡 + 排水”。该工程目前是三峡库区地质条件最复杂、保护对象最多、治理措施最难、科技含量最高的地灾治理工程。目前高达 2.4 亿元的治理工程费用也创下了重庆市滑坡工程治理投资之最。

滑坡治理工程前后对比照片

（照片来源于《重庆市三峡库区地质灾害应急抢险项目材料》，2016 年 5 月）

72. 重庆规模最大崩滑体——黔江区小南海崩滑体

小南海崩滑体位于重庆市黔江区小南海左岸斜坡上，1856 年 6 月 10 日，小南海地区发生 6.25 级地震，震中烈度为 8 度，震中位于黔江区小南海与湖北省咸丰县大路坝之间（东经 108.8°、北纬 29.7°）。该地震导致了本次崩滑，最终形成了纵长 1 400 m，横宽 1 600 m，厚 40 ~ 65 m，平均厚 50 m，面积达 224×10^4 m^2，体积达 1.12 亿 m^3 的崩滑体，成为目前为止重庆市体积最大的崩滑体。

地震后还形成了潜在滑移区和气浪抛射堆积区，其中潜在滑移区平面形态呈舌形，纵长 1 400 m，横宽 740 m，厚 30 ~ 60 m，平均厚 50 m，面积 104×10^4 m^2，体积约 $5\ 180\times10^4$ m^3，滑坡主滑方向为 150 ~ 155°，属特大型土质牵引式滑坡；气浪抛射堆积区纵长 1 400 m，横宽 860 m，厚 40 ~ 60 m，平均厚 50 m，面积 120×10^4 m^2，体积约 $6\ 020\times10^4$ m^3。

小南海崩滑体全貌

（照片来源于《重庆市特大型滑坡调查与风险评价报告》，2010 年 6 月）

73. 重庆伤亡最重的工程滑坡——武隆县五一滑坡

2001 年 5 月 1 日，位于武隆县新城江北西段（柏杨一社）公路北侧的山体发生了大规模滑坡，将坡脚一幢 8 楼 1 底的商品房摧毁，几辆停靠和正在通过的汽车也被掩埋于滑坡体中，阻断了 319 国道，造成 79 人死亡、4 人受伤的惨重事故。

据现场调查，该滑坡长约 40 m，宽约 50 m，剪出口部位滑塌体厚度约 20 m，但整体滑塌厚度平均约 3 m，体积 5 000 m^3。这起滑坡规模并不大，但造成的危害却很大，值得深思！

据事后调查，该商品房在修建前未开展地质灾害危险性评估，造成规划选址不当；房屋修建地由于公路扩建等原因多次开挖边坡，且未得到有效治理。该商品房修建时再次开挖边坡，最终形成了高约 27 m 的直立高切坡。房屋在距离边坡约 1 m 的地方开始修建，修建过程中也未对直立高切坡进行有效治理，最终导致了本次工程诱发垮塌事故，并造成了惨痛的人员伤亡。

武隆五一滑坡

74. 唯一造成乌江重庆段断流的崩塌——重庆鸡冠岭崩塌

1994 年 4 月 30 日 11 时 45 分，武隆县兴顺乡乌江南岸鸡冠岭突然岩体崩塌，崩塌距上游武隆县白马镇 9 km，距下游涪陵区乌江河口约 35 km。崩塌方量约 400 万立方米，崩塌体摧毁了武隆县兴隆煤矿，分东、西两支进入乌江，形成了乱石坝，将乌江重庆段堵塞。崩塌体激起江水浪高 30 ~ 40 m，切断乌江水流半小时，并形成 10 m 高的水位落差。毁坏船只 5 艘，死亡 4 人，13 人下落不明，伤 19 人，造成了乌江重庆段唯一的一次断流断航。

重庆鸡冠岭崩塌堵塞乌江造成断航

（照片来源于网络）

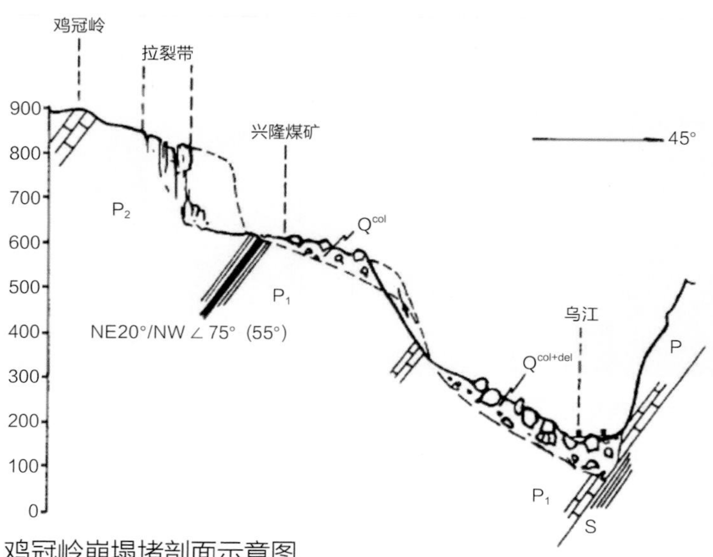

鸡冠岭崩塌堵剖面示意图

75. 重庆市威胁人口最多的危岩——武隆县羊角场镇危岩

重庆市武隆县羊角场镇危岩位于羊角场镇后山约 5 km 长的陡崖上，其中大型危岩 11 处，总体积约 1 321 万 m^3。该危岩是重庆市多年重点防范的重大地质灾害隐患，涉及范围广、居住人口多、危害程度深。危岩下方便是场镇建成区，面积 0.483 km^2，人口 7 304 人，房屋面积 46.12 万 m^2。危岩已严重威胁整个羊角场镇 7 000 余人的生命财产安全，同时威胁下方白马航电枢纽、319 国道等。

鉴于危岩治理难度极大，突发性极强，事前难以准确预测，灾害发生只是时间问题。目前已全面停止场镇新建项目的审批，对险区范围内的矿山企业实施关停。羊角镇也组织了群测群防队伍，在专业队伍的指导下开展群测群防工作，制订了应急预案，组织开展了地质灾害综合应急避险演练，提高群众防灾减灾意识和自救互救能力。与此同时，经重庆市政府请示国务院，在国土资源部和国务院三峡办等有关部委的支持下，国务院已批复同意对羊角镇分阶段进行整体搬迁，确保人民生命财产的安全。

武隆县羊角场镇危岩

（照片来源于《重庆市三峡库区地质灾害应急抢险项目材料》，2016 年 5 月）

76. 重庆预警最成功的危岩——巫山县望霞危岩

望霞危岩位于巫山县两坪乡同心村长江左岸斜坡上，距神女峰 6 km 左右，距三峡大坝约 140 km，总体积 112 万 m^3。

2010 年 10 月 20 日及 2011 年 10 月 20 日，专业监测人员通过监测数据发现危岩变形加剧，两次都准确发出预警，次日均发生了大规模垮塌。由于预警及时，重庆市发布了红色预警，市海事部门立即对长江航道采取了禁航管制措施，未造成人员及财产损失。

望霞危岩变形前后对比照片

77. 重庆避险最成功的地质灾害——奉节县大树场镇地质灾害

2014年8月31日8时至9月2日8时，重庆市奉节县大树场镇遭受近几十年来(50年一遇)最大集中降雨，降雨量达355.5 mm，导致大树场镇范围内发生滑坡、泥石流、崩塌、危岩等13处地质灾害险情。9月1日专业地质队员与县地质环境监测站工作人员在巡查时发现，场镇内多个地质灾害隐患点发生不同程度的变形，极有可能威胁场镇安全。他们立即展开调查并将相关情况及时汇报给县相关部门和领导，建议立即疏散居民。县相关部门立即通知并组织场镇居民紧急搬迁。9月1日晚11点，人员撤离完毕，9月2日凌晨3点，余家包滑坡下滑，所幸场镇全部居民（3 000多名）成功安全转移，未造成任何人员伤亡，挽救了520人的生命，是近年来最成功的预警避险案例。

奉节县大树场镇地质灾害

（照片来源于《重庆市地质灾害典型案例汇编》）

78. 重庆变形破坏最奇特的危岩——武隆县鸡尾山危岩

2009 年 6 月 5 日，武隆县铁矿乡鸡尾山发生特大山体垮塌，体积约 700 万 m^3，造成 10 人死亡，64 人失踪，8 人受伤，直接经济损失 8 000 余万元。

该危岩位于一陡崖顶部，临空方向为北东，岩层整体倾向北面。在正常情况下，岩体应沿倾向方向崩塌滑动，但该危岩北面有山体阻隔，导致危岩向北滑动时受阻，危岩体在滑动过程中受阻向北东方向发生了偏转，其破坏方向与预测方向发生了很大的变化，变形破坏模式在重庆市众多的危岩中可谓最为奇特。

鸡尾山危岩体在滑动过程中发生偏转

（下图来源：殷跃平）

灾情发生后，各级政府、国土、公安、武警、消防、医疗、民兵等上千人投入抢险救灾中，动用了大型挖掘机、推土机上百台，搜救犬、生命探测仪等救援物资投入救援，曾在汶川大地震抢险救灾中建功的米-26大型运输直升机也投入救援工作。为了找到被掩埋井下的人员，采用了爆破及钻孔“双管齐下”的救援方案，一面在被掩埋井口附近实施爆破，清理大块石，一面各地质队紧急调用大型钻机数十台进行钻孔施工，力争打通生命通道。在多种救援手段共同努力下完成了本次救援工作。

鸡尾山危岩崩塌抢险救援

（上图来源：新华社记者刘潺）

五、矿产地质之最

重庆市矿产资源以沉积型矿产为主，总体呈现“分带明显，分布相对集中；大型矿床少，中小型矿床多；能源矿产、非金属矿产多，金属矿产少；贫矿、难选冶矿多，富矿少”的特点。与全国其他省市相比，重庆市的矿产资源并不丰富，但也有自己的独特优势。到目前为止，重庆有亚洲第一大锶矿床（大足区兴隆锶矿），有全球除北美之外最大的页岩气田（涪陵页岩气），有为抗日战争作出突出贡献的綦江铁矿，有 5 000 多年盐矿采矿历史的巫溪宁厂盐井遗址；还有开采最早的天府煤矿。除此之外，重庆市还有锰矿、铝土矿、毒重石（钡矿）、锶矿、岩盐矿等优势矿产资源。

79. 重庆最大的铅锌矿——酉阳小坝矿区

重庆市铅锌矿勘查历史悠久，新中国成立前即有相关的记载，但总体上勘查工作不多，也不深入。20 世纪 80 年代至今，由于政府重视和社会资金的加入，铅锌矿勘查工作得到了较好的开展。

重庆市铅锌矿主要分布在渝东南石柱—秀山一带，其次为渝东北城口、巫溪等地。目前共发现铅锌矿矿化线索 83 处，探明有资源储量的矿产地共 46 处，其中，中型矿床 4 个，小型矿床 4 个，矿（化）点 38 处，铅锌金属资源总量 85.23 万 t。勘查出最大的铅锌矿就位于重庆市酉阳县小坝矿区，该矿于 1993 年 6 月由重庆地区地勘队伍承担，探获铅锌金属量 10 余万 t。根据前人采样测年，铅锌矿的成矿时期距今 0.63 亿 ~ 0.9 亿年。

氧化型铅锌矿

原生硫化铅锌矿

（左图来源：谢斌；右图来源于网络）

80. 重庆最大的锰矿——秀山溶溪大茶园锰矿

在重庆，锰矿石仅产于秀山县及城口县，截至 2012 年 5 月，共查明锰矿矿产地 12 个，其中大型矿床 2 个，中型矿床 7 个，小型矿床 2 个，矿点 1 个，累计探获矿石资源储量 10 147.3 万 t。

重庆目前勘查出的最大锰矿是秀山溶溪大茶园锰矿。该锰矿位于秀山县溶溪镇高楼村，勘探资料表明，矿石层厚 5 ~ 6 m，但矿层之间有夹层，夹石层厚 20 ~ 80 cm，矿体长度一般在 400 ~ 700 m，最长达 1 000 m，远景储量 5 000 万 t 以上。平均品位达（矿石品位指单位体积或单位质量矿石中有用组分或有用矿物的含量）24.5%。秀山地区与毗邻的贵州松桃县、湖南花垣县并称为中国锰矿“金三角”地区。秀山溶溪大茶园锰矿的开采利用，大大解决了当地居民的就业问题，为当地经济发展作出了较大贡献。

锰矿石经加工可以提取锰金属。大家知道，锰是银白色脆性金属、熔点 1 244 ℃，沸点 2 097 ℃。纯锰在常温下较稳定，不会被氧、氮、氢侵蚀。在工业生产中，锰矿石用于冶金工业，它是钢铁工业的基本原料，锰的加入可增加钢材的强度、硬度、耐磨性、韧性等。

秀山溶溪大茶园锰矿
（照片来源于网络）

81. 重庆唯一的毒重石（钡矿）产地——城口县

重庆地区毒重石（钡矿）仅产于城口县地区，主要分布于城口县后裕、左岚、巴山、高楠桂花园等地，呈北西向的条带状展布，成矿带长 20 km 左右，矿体厚 0.4 ~ 17.24 m。矿石以毒重石、钡解石为主，重晶石次之，是碳酸钡与硫酸钡共生矿床。矿体赋存于寒武系下统巴山组地层，含矿岩系为一套硅质、炭质岩，属古陆边缘凹陷区半封闭、深水滞留还原环境沉积。

钡矿矿石产品主要用于钢铁、玻璃、颜料、搪瓷、油漆、橡胶、涂料、焊条、烟火、电子等工业及制造钡盐。如医院给病人诊断某些食管、胃肠道疾患时，需要让病人服用钡餐，再用 X 射线透视或拍片检查有无病变，而钡餐的硫酸钡可用毒重石矿经化学加工而成。

毒重石矿对工业的发展较为重要，但它也是剧毒品。吸入碳酸钡粉末能使人中毒。慢性中毒主要蓄积在骨骼上，引起骨髓造白细胞组织增生。严重急性中毒时，出现急性胃肠疾患，腱反射消失、痉挛、肌肉麻痹等。生产时应穿工作服，戴口罩、手套等进行防护。

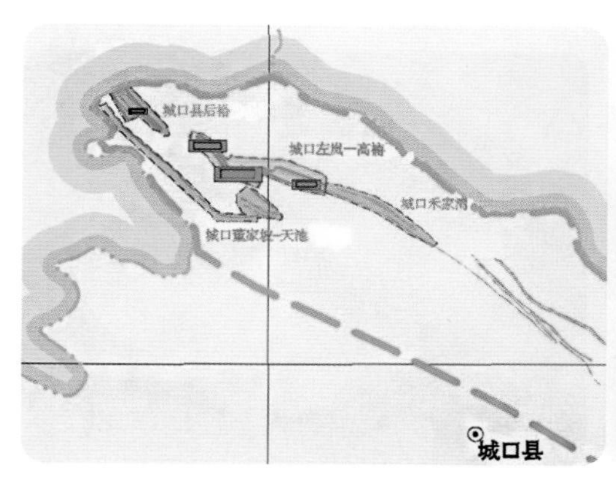

城口县钡矿资源分布图及钡矿矿石

（照片来源于网络）

82. 重庆最大的锶矿——大足区兴隆锶矿

大足区兴隆锶矿距重庆市大足城区 26 km，以巴岳山为界，北西属于大足区古龙镇管辖，南东则属于铜梁区福果镇管辖。矿床平均厚度为 6.44 m，平均品位为 48.14%。探获矿石量已达 4 300 万 t，折合矿物量达 1 940 万 t。该矿床储量相当于 100 个大型矿床规模，且矿石品位较高，易开发选冶。据 2015 年 3 月国土资源部网站报道，该矿床也是亚洲最大的锶矿床。

中国锶矿资源丰富，是世界主要的碳酸锶生产国。锶是一种稀有金属，钢铁行业中可以用碳酸锶作炼钢的脱硫剂，以除去硫、磷等有害杂质；在电解锌生产中，用碳酸锶提纯锌，其纯度可达 99.99%。两次世界大战期间，锶化合物广泛用于生产烟火及信号弹。碳酸锶用于生产彩色电视机和计算机显像管的荧光屏玻璃，可防止 X 射线辐射、提高图像清晰度和色调的真实性；氯化锶可用作火箭燃料。好的锶矿晶体还可以作为高档艺术观赏石。

该矿的发现对大足、铜梁乃至渝西地区的社会经济发展具有重要的意义，对渝西地区的锶采矿业和锶化工业具有极大的推动作用。

大足兴隆矿区

晶族状锶矿

（左图来源于《重庆市 2011—2015 年矿产勘查成果集成》；右图来源：谢冰）

83. 重庆最大的铁矿床——巫山桃花铁矿

重庆市铁矿主要产于巫山、綦江、奉节、黔江等地。巫山桃花铁矿当属目前为止探获资源量最大的矿床。该矿床位于渝东与鄂西接壤的巫山山脉，举世闻名的长江三峡之巫峡南岸——巫山县抱龙镇，距离巫山县城 87 km，矿区东西长 10.5 km，南北宽 1.4 ~ 4.4 km，总面积 28.75 km^2，由南、北两个矿体组成，矿体呈层状、似层状产出，厚 0.60 ~ 7.06 m，一般 2 ~ 4 m，平均 3.12 m。矿石最高品位达 56.8%，平均品位 44.72%，探明储量为 1.07 亿 t。该铁矿赋存于距今约 3.72 亿年晚泥盆世黄家蹬组地层中。

施工现场及豆鲕粒状赤铁矿石

（照片来源于巫山新闻网）

84. 重庆最大的铝土矿基地——南川大佛岩铝土矿

重庆市铝土矿主要产于渝东南武隆、彭水、南川等地，截至 2015 年 6 月，位于南川区洞湾—灰河—大佛岩、辉煌、长青一带的铝土矿床探获资源量最大。该矿床洞湾—灰河—大佛岩矿段于 2003—2005 年累计探获铝土矿资源储量 7 544.47 万 t，平均厚度 1.81 m。2011—2015 年，对该矿段的北侧辉煌、长青居委会一带进行深部外延勘查，共探获资源量 1 826.27 万 t。该铝土矿赋存于距今约 2.95 亿年中二叠统梁山组地层中。

铝土矿是生产金属铝的最佳原料，也是铝土矿最主要的应用领域，其用量占世界铝土矿总产量的 90% 以上。铝土矿的非金属用途主要是作耐火材料、研磨材料、化学制品及高铝水泥的原料。铝土矿在非金属方面的用量所占比例虽小，但用途却十分广泛。例如：化学制品方面以硫酸盐、三水合物及氯化铝等产品可应用于造纸、净化水、陶瓷及石油精炼方面；活性氧化铝在化学、炼油、制药工业上可作催化剂、触媒载体及脱色、脱水、脱气、脱酸、干燥等物理吸附剂；用 r-Al_2O_3 生产的氯化铝可供染料、橡胶、医药、石油等有机合成应用；玻璃组成中有 3% ~ 5% Al_2O_3 可提高熔点、黏度、强度；研磨材料是高级砂轮、抛光粉的主要原料；耐火材料是工业部门不可缺少的筑炉材料。

铝土矿

（照片来源于《重庆市南川川洞湾—灰河—大佛岩铝土矿区详查地质报告》，2006 年 12 月）

85. 重庆最大的汞矿——秀山羊石坑汞矿床

秀山县羊石坑汞矿位于秀山县溶溪。该矿床发现于 1920 年，1939 年开始进行勘查、开采和冶炼。中华人民共和国成立后，经过四上四下的地质勘查，矿床地勘程度达详查阶段。矿条最长 1 240 m，最小 500 m，厚度 0.67 ~ 24.94 m，平均 9.94 m；探获汞储量 11 560 t，其中工业储量 1 538 t。规模为大型。矿床构造上处于桐麻岭大背斜南段东翼，含矿地层为下寒武统清虚洞组。根据前人采样测年，汞矿的成矿时期在距今约 1.37 亿年前。

主要矿石矿物为辰砂，伴有少量辉锑矿、黄铁矿、闪锌矿、雄黄等。从矿石中可以提取汞金属。

羊石坑汞矿

（照片来源于《重庆市地质遗迹资源调查评价报告》，2013 年 12 月）

汞，俗称水银，是常温下唯一呈液态的金属。相对密度 13.546，熔点 −38.87 ℃，沸点 357 ℃。在中国古代称丹砂、朱砂或石朱砂。宋代以后，因主要产销市场在湖南辰州（现名为沅陵），故得名为辰砂。汞有毒性，容易污染环境，有害人体健康，但与人们的生活息息相关。汞可以用于制作校验和维修汞温度计、血压计、流量仪、液面计、控制仪、气压表、汞整流器等，制造荧光灯、紫外光灯、电影放映灯、X 线球管等；化学工业中作为生产汞化合物的原料，或作为催化剂（如食盐电解用汞作阴极制造氯气、烧碱）等；以汞齐方式提取金、银等贵金属以及镀金、鎏金等；口腔科以银汞齐填补龋齿，还可用于钚反应堆的冷却剂。

在古代，所谓“仙丹”就是用重金属如铅、汞等炼制而成的，很多皇帝都相信仙丹之说，服用含有汞、铅的长生不老药——“金丹”中毒而未尽天年。如隋炀帝杨广、唐太宗李世民、唐宪宗李纯、唐穆宗李恒，以及明世宗朱厚熜等人。根据《史记·秦始皇本纪》记载，在秦始皇陵中就灌入了大量的水银，以为“百川江河”。相传，秦始皇陵中的水银可能来自于今天的重庆秀山、贵州铜仁或今天的湖南沅陵地区。

86. 重庆最大的煤矿——松藻煤矿

重庆有五大国有煤矿，分别为松藻煤矿、天府煤矿、南桐煤矿、中梁山煤矿和永荣煤矿。其中松藻煤矿是重庆市最大的无烟动力煤生产基地。

松藻煤矿位于重庆市南部綦江区安稳镇内，渝黔铁路、渝黔高速公路横穿矿区，交通便捷，环境优美。

矿区探明地质储量 11.3 亿 t，工业储量 9 亿 t，规划可采储量 7.2 亿 t。煤种属中灰、富硫、低磷的无烟煤，煤炭产品主供重庆地区火电厂，并为川渝、两广用户提供动力煤和工业用煤。其下辖 6 个矿井，矿井所在地涉及綦江县的安稳镇、赶水镇、打通镇、石壕镇 4 镇共 31 个村。

昔日的松藻煤矿建设情景

井下采煤情景

（照片来源于网络）

87. 重庆历史最悠久的煤矿——天府煤矿

天府煤矿位于北碚区天府镇，具有 200 多年的开采历史。明末清初，后丰岩地区山民便已开始挖外山草皮炭作为燃料之用。清朝嘉庆十二年，文星场即有人出卖祖辈遗留下来的小煤洞。清末民初，小煤窑星罗棋布于几十里矿区，并逐步发展成较大的煤厂。

昔日天府煤矿办公地

（照片来源于网络）

1933 年，爱国实业家卢作孚创建“天府煤矿股份有限公司”，以四川素有“天府之国”之称而命名，以北川铁路沿线的 6 个煤厂为主，并邀北川民业铁路股份有限公司、民生实业轮船股份有限公司参加，在重庆近代工业史上落下重要的一笔。当时一度是大后方最大的煤矿，为抗战胜利做出了突出贡献。

现在，天府煤矿仍在继续开采，包括三汇一矿、三汇三矿、磨心坡煤矿、盐井一矿等 4 个矿，整体并入重庆市能源投资集团公司，为重庆市能源投资集团公司的控股子公司。

88. 重庆最大的盐矿——云阳县黄岭矿区

重庆市岩盐矿资源丰富，为重庆市的优势矿产之一，主要分布于长江流域沿岸的合川、长寿、丰都、忠县、垫江、云阳、万州等区县。埋藏深度 2 000 ~ 3 500 m，成盐时期距今约 2.47 亿年，当时重庆渝西至渝东长寿、忠县、万州、云阳等地区为半封闭的咸化浅海环境，蒸发强烈，海退、海进发生的频率较大，远洋海水不断补给半封闭浅海，通过海水补给—蒸发—沉积的方式反复循环而沉积了规模较大的岩盐矿床。

截止到 2015 年，重庆市累计查明岩盐矿资源储量约 112 亿 t，均为一些大中型矿床。在查明的矿产地中，重庆市云阳县黄岭矿区岩盐矿最大。该矿为重庆地勘队伍于 2012—2015 年承担的市级财政勘查项目，累计查明资源量 42.2 亿 t，占重庆市查明资源量的 37.68%。

岩盐矿（深部可见）及云阳县黄岭矿区 ZK02 井位图

在重庆，岩盐矿山采用水溶法单井对流工艺及水平对接井连通采卤工艺进行采矿（即先往井下注入淡水，利用岩盐矿的易溶特点，再进行回抽盐卤水，最后经过真空制盐工艺流程提取盐类矿物）。重庆市境内岩盐矿山主导产品是优质的食用盐和工业用盐，产品销量约占国内同行业的 10%，大部分食用盐主要满足市内 40 个区（县）3 200 多万人生活需要，少部分远销湖北、贵州、云南等地，工业用盐主要销往重庆碱胺、天原化工、长寿化工、南川宏原等两碱化工企业。未来 3 ~ 5 年，可销往长寿、涪陵、万州等大型氯碱化工等企业。

89. 重庆年代最久远的炼铁遗址——綦江铁矿遗址

綦江铁矿的开采可追溯到宋代以前。根据遗址，早期的开采大都在地势较高一带之露头浅处，系以手工凿取。在明末清初及清末民初的两个时期，采冶尤甚。后因坑洞深远、土法采矿，设施简陋，即无提升通风及排水设施，采冶成本日高且渐困难，到 1924 年时，从事采掘者已寥寥无几。

抗战时期，国民政府将东部地区的工厂内迁重庆，并在綦江开采铁矿。綦江铁矿在抗战期间共提供铁矿石 19 万 t，为抗日战争作出了重要的贡献。在此期间，李四光、翁文灏、丁文江、黄汲清、乐森璕、秦馨菱和常隆庆等老一代地质学家，都曾在此跋山涉水寻找实业救国之道，綦江是地学界的“圣地”。著名的女英雄江姐还曾经在綦江铁矿工作过。中华人民共和国成立后，綦江铁矿成为西南工业部 101 厂（重钢前身）的主要原料基地。经过 30 年的发展，到 1979 年，形成了一个以小鱼沱为中心，包括大罗、土台、平硐、麻柳滩、白石 5 个矿区的大型铁矿开采企业。这 30 年，是綦铁的光辉岁月，铁矿石年产量从 1950 年的 2 万多 t 提高到 1978 年的 65 万 t，职工也从中华人民共和国成立初期的 600 多人，增加到 1979 年的 5 900 多人。

当年的綦江铁矿区

（照片来源于网络）

90. 重庆最古老的盐矿采矿遗址——巫溪宁厂盐井制盐遗址

巫溪宁厂盐井位于巫溪大宁河，地处巫溪宁厂镇，海拔 252 m。该盐泉位于八台山—大宁厂向斜近轴部，在嘉陵江灰岩中出露。泉水温度 30 ℃，矿化度为 35 g/L，为盐水。这里曾经是中国最古老的制盐厂之一，是上古时期巫文化的发源地，拥有 5 000 多年制盐史，具有“一泉流白玉，万里走黄金”的美名，用以制盐的器具至今尚在，对于研究古代盐文化有重要意义，具有重要的保护、研究和开发价值。

巫溪宁厂盐井及制盐遗址

（照片来源于《重庆市地质遗迹资源调查评价报告》，2013 年 12 月）

91. 重庆最大的页岩气矿——涪陵页岩气田

该页岩气田位于涪陵区礁石坝，2015 年 10 月经国土资源部油气储量评审办公室评审认定，涪陵页岩气田焦石坝区块新增探明储量 2 739 亿 m^3。至此，这一国内首个大型页岩气田探明储量增加到 3 806 亿 m^3，含气面积扩大到 383.54 km^2，成为全球除北美之外最大的页岩气田。

涪陵页岩气还是非常优质的天然气，甲烷含量超过 98%，不含硫化氢，不含一氧化碳，“是名副其实的清洁能源”。涪陵页岩气的成功勘探开发利用，将有力支撑和加快推动我国页岩气战略的实施，能为推动国家能源结构调整和优化，推进节能减排和加强大气污染防治、当地经济发展作出较大贡献。

截至 2016 年 10 月底，涪陵页岩气田已累计开钻 296 口气井，投产 233 口销气量已突破 40 亿 m^3，2016 年 1—9 月涪陵页岩气公司完成产值 105.6 亿元。预计到 2020 年将形成 300 亿元产值。

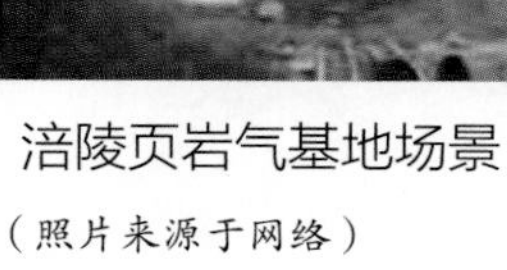

涪陵页岩气基地场景

（照片来源于网络）

六、基础地质之最

重庆地区多以沉积岩为主，岩浆岩、变质岩不发育，分布甚少，只分布于城口北部地区。最古老地层为新元古界青白口系红子溪组。重庆范围内全国性标准剖面有秀山志留系秀山组剖面、北碚—合川三叠纪至侏罗纪地质剖面；区域性标准剖面秀山前元古界板溪群剖面、城口寒武系箭竹坝组标准地层剖面和武隆江口奥陶系剖面。区域内共发生 9 次构造运动，从晋宁运动至喜马拉雅运动均对区域内的不同时代地层给予强烈的改造，老地层受多期次的构造运动改造强烈，褶皱构造较为发育，典型的构造为隔档式构造，最具特色的构造为帚状褶皱，对现今地貌改造最大的构造运动为喜马拉雅运动。区域性的深大断裂有城巴断裂、七曜山隐伏逆冲断裂带、长寿—遵义基底断裂带、沙市隐伏断裂，它们对区域内的地层及构造具有明显的分区作用。

92. 重庆最古老的地层——新元古界青白口系红子溪组

新元古界青白口系红子溪组是 1972 年命名于贵州江口县红子溪，参考的地层剖面为江口县快场和邓堡（该组属于青白口系顶统的板溪群，分布于秀山县中溪、孝溪及酉阳县与秀山县交界的茅坡等地，岩性以砾岩、含砾砂岩、杂色绢云母板岩、粉砂质及砂质板岩为主）。1982 年测制秀山县中溪板溪群剖面曾称该套岩层为红砂溪组，1987 年根据优先创名原则改名为红子溪组。2016 年编制的《重庆市地质志》沿用红子溪组。

2009 年，有关科研人员在重庆市秀山县凉桥红子溪组顶部沉凝灰岩中采集样品，进行 SHRIMP 锆石 U-Pb 法测定，测年结果为 790±9 百万年。这是重庆地区最古老地层。

秀山县凉桥紫红色凝灰质粉砂岩

（照片来源于《重庆市区域地质志》）

93. 重庆唯一的岩浆岩分布区——城口县

重庆市范围内主要以沉积岩为主，岩浆岩不发育，仅分布于渝东北城口地区渝陕交界一带，分布面积小，不到重庆市的5%，且分布较为零星。岩浆岩主要为中基性的辉绿岩、辉长岩及少量闪长岩和火山碎屑岩。

中基性的岩体规模大小不等，单一岩体一般长350 ~2 000 m；宽数米至数十米。辉绿岩与辉长岩体常有相变关系；岩体产出较分散，但主要集中于城口县东安乡附近，往北西经鱼肚河、潘家梁及渝陕交界一带。火山碎屑岩岩性为火山角砾岩、熔结凝灰岩、凝灰岩、沉凝灰岩等。它们构成正常火山碎屑岩—沉积火山碎屑岩—火山沉积岩的一大套火山沉积旋回，厚度大于5 000 m。

辉绿岩

安山质火山角砾岩

（照片来源于《重庆市区域地质志》）

94. 重庆市内的全国性标准剖面

重庆市范围内全国性标准剖面有两条，分别是秀山志留系秀山组剖面和北碚—合川三叠纪至侏罗纪地质剖面。

1）秀山志留系秀山组剖面

秀山组（S2x）的时代属早志留世晚期，距今 4.2 亿年，位于秀山县回星哨至溶溪乡的公路边，因修公路挖出的边坡，出露良好。长 1 340 m，为浅海相泥砂质、灰质沉积，岩性以黄绿、灰绿色页岩、砂质页岩为主，夹粉、细砂岩、瘤状泥灰岩及生物碎屑灰岩等薄夹层。剖面下段产少量低分异度的壳相化石，包括腕足类、三叶虫、腹足类以及翼肢鲎和牙形石等；上段富含较高分异度的介壳相化石，偶含笔石，包括腕足类、三叶虫、头足类、双壳类、喙壳纲、腹足类、笔石、牙形石、几丁石及海百合、床板珊瑚等。

该剖面是 1974 年被命名的西南地区碳酸盐生物地层正层型剖面（《西南地区地层古生物手册》）——四川秀山溶溪剖面中的一个组，命名地点在重庆市秀山县回星哨西北约 4 km 的盘山公路旁。

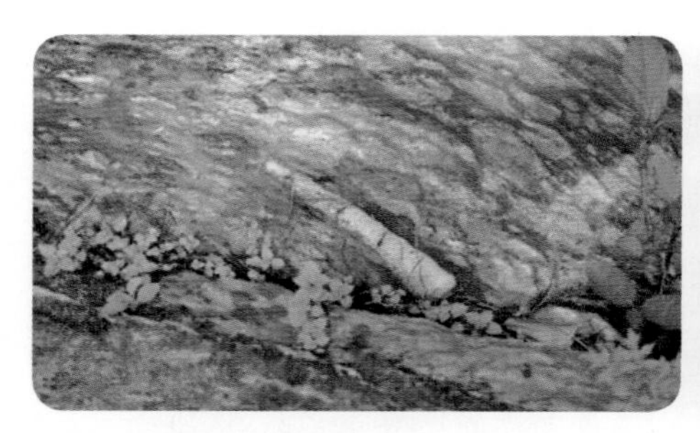

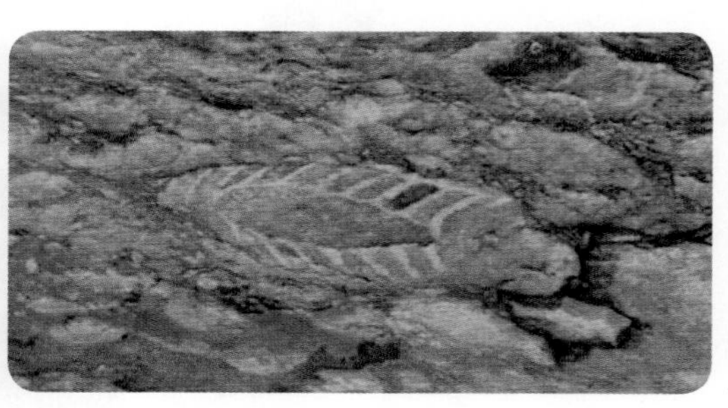

秀山组剖面中的化石

（照片来源于《重庆市地质遗迹资源调查评价报告》，2013 年 12 月）

2）重庆北碚—合川三叠纪至侏罗纪地质剖面

剖面位于合川盐井焦巴石至北碚炭坝新田沟小垭口，沿公路连续出露，总长 7 km。由于修建公路开挖山体，地层暴露在外，层序清楚。

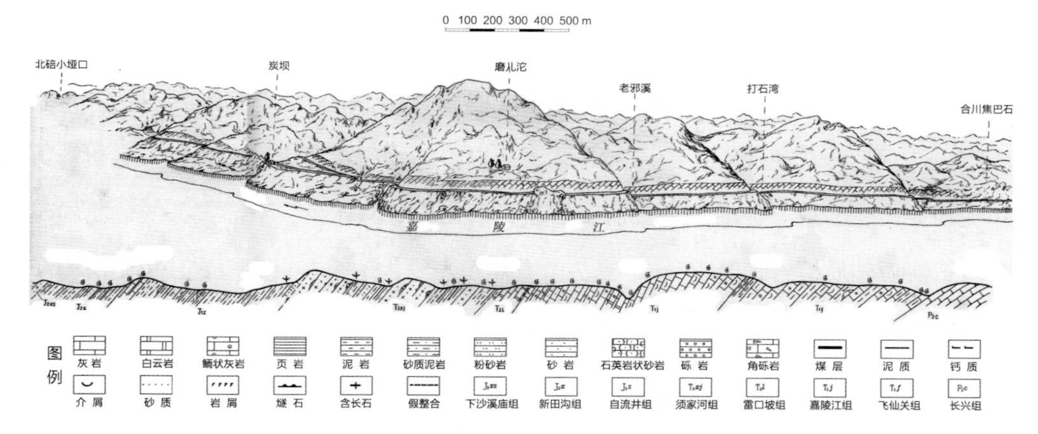

北碚小垭口—合川焦巴石三叠纪至侏罗纪地质剖面实测图

（照片来源于《重庆市地质遗迹资源调查评价报告》，2013 年 12 月）

1977 年，地质人员在北碚澄江镇炭坝地区测制三叠系地层剖面（又称炭坝剖面），并命名了新田沟组地层，而沙溪庙组于 1946 年命名于合川沙溪庙。该剖面沿公路连续出露，地层发育良好，层序清楚，特征明显，为研究三叠系至侏罗系地层的理想标准地层剖面，在国内外享有声誉，在地学研究中具有不可替代的地位。目前，该标准地层剖面正在候选国际地层剖面。

95. 重庆市内的区域性标准剖面

区域性标准剖面有三条，分别为秀山前元古界板溪群剖面、城口寒武系箭竹坝组标准地层剖面和武隆江口奥陶系剖面。

1）秀山前元古界板溪群剖面

该地层是重庆境内最老的地层，主要地层分布在钟灵南西和膏田北西地区，由一套碎屑岩组成，部分地方有轻微变质。剖面位于秀山县钟灵乡的红砂村和楠木村，由板溪群红子溪组、楠木沟组和秦朵组的一套杂色浅变质碎屑岩组成。

2）城口寒武系箭竹坝组标准地层剖面

该地层位于城口县北箭竹坝，于1959年以城口县北箭竹坝地名命名，厚543 m。岩相以灰色、深灰色薄层、中厚层、厚层灰岩和泥质灰岩为主，夹钙质页岩和褐黄色泥质条带，含煤。泥质灰岩具层纹构造，风化后呈棕黄色。下部夹深灰色薄层硅质岩、炭质硅质板岩，厚11 m。光头山麦炸坪一线，该组夹炭质板岩，正阳河内产石煤，厚232～338 m。含三叶虫*Kooterniayui*。

3）武隆江口奥陶系剖面

该地层位于武隆县江口镇，由7个地层组构成。该剖面含有丰富的古生物化石，从顶到底分别有：四川叉笔石、小达尔曼虫、南京三瘤虫、桐梓三叶虫、雕笔石，其中四川叉笔石带为我国分布最广、最丰富的一个笔石带，也是世界上奥陶系最高层位的笔石带，距今约4.4亿年，具有巨大的科研、教学、科普及旅游价值。该剖面丰富的笔石动物群为深入研究笔石的起源、演化、分类、笔石序列、生物地理分区等笔石基础理论问题，提供了极其宝贵的资料，对古生代地层划分、对比，特别是笔石地层的划分和对比的研究，具有十分重要的理论和实际意义。

96. 重庆最深的断裂带——城巴断裂带

城巴断裂带位于大巴山南缘，构成秦岭造山带和扬子板块的分界带。该断裂带东起湖北房县，西止陕西西乡，全长 270 多 km，重庆段长 90 多 km，平面呈向南西突出的弧形，地层断距 2 200 m，生成于早元古代（距今约 23 亿年），地史上各期均有活动，它对大巴山南、北岩相、古生物、地史演化发展起着控制性作用。该断裂带规模大、活动历史长，其形成及其演化对秦巴造山带的构造活动及其南部前陆盆地构造形态的形成与油气运移和保存有着重要的意义。

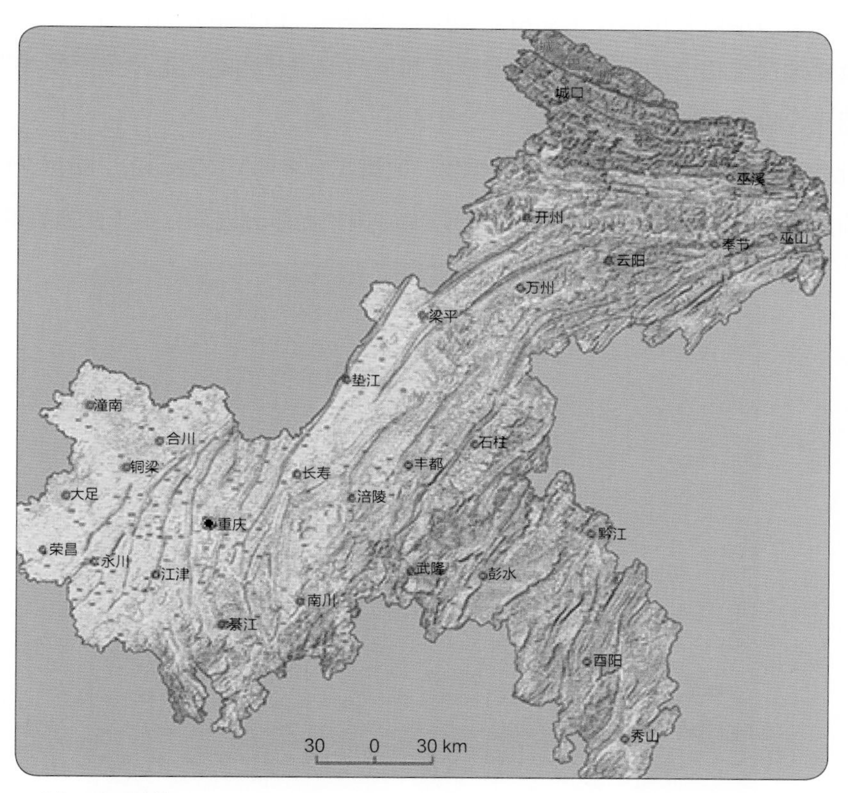

城巴断裂带

（图片来源：谢斌）

97. 重庆最著名的基底（隐伏）断裂带

1）七曜山隐伏逆冲断裂带

七曜山隐伏逆冲断裂带位于七曜山及金佛山一带。北起巫山，往南穿越湖北利川，再入石柱木坪，经南川至綦江石壕，全长约 450 km。

该断裂带是四川盆地与武陵褶皱冲断带的分界线，对两盘地质构造有明显的控制作用，形态上有很大的差别。南东盘地层构造较老，主要为一些灰岩、泥页岩地层，地层中蕴藏如铅锌、铝土矿、重晶石、萤石等矿产资源，构造形态以隔槽式褶皱组合为主。北西盘地层较新，主要为一些砂泥岩、灰岩地层，矿产资源主要有建筑条石、砖瓦用页岩、石膏、锶矿及岩盐。其中岩盐的埋深较大，约 2 000~3 500 m，为重庆及相邻省市地区食用盐及工业用盐提供资源保障，褶皱主要为隔档式，但受隐伏断裂及盆地边缘构造的制约，褶皱常形成弧形或似帚状构造。卫片上断裂线性形象特征明显，两侧地貌、水系和构造线方向呈角度交截。

此构造带上，旅游地质资源非常丰富，如重庆有名的万盛黑山谷、南川金佛山、武隆仙女山、石柱黄水国家地质公园、云阳龙缸国家地质公园均分布于此断裂带附近。

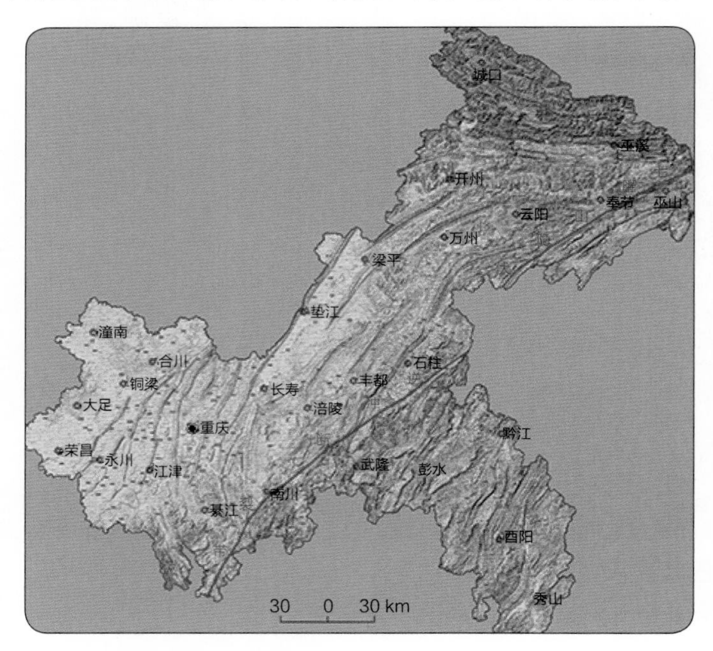

七曜山隐伏逆冲断裂带

（图片来源：谢斌）

2）长寿—遵义基底断裂带

该断裂为基底断裂，北起于开县一带，经长寿，向南进入贵州，止于遵义一带，重庆境内长 300 余 km，大致为重庆陷褶束内华蓥山穹褶束与万州凹褶束的分界控制线。

该带东侧为万州凹褶束，它是重庆陷褶束中凹陷最深的地区。据航磁资料，结晶基岩埋深达 17 km。该单元以发育北北东向构造为特征。

该带西侧为华蓥山穹褶束。该区内背斜多狭窄成山，向斜开阔成谷，组成典型的隔挡式褶皱。

该断裂形成于印支期，1989 年 11 月 20 日 11 时 18 分发生在统景地区的 5.2 级、5.4 级地震，可能与该断裂的活动有一定关系。

3）沙市隐伏断裂

北西起于汉南古陆，经沙市往南东与七曜山断裂交汇，卫片影像特征为一向南西突出的弧形，与大巴山山脉走向大体一致。推测应为大巴山台缘坳陷与四川台坳的分界线。

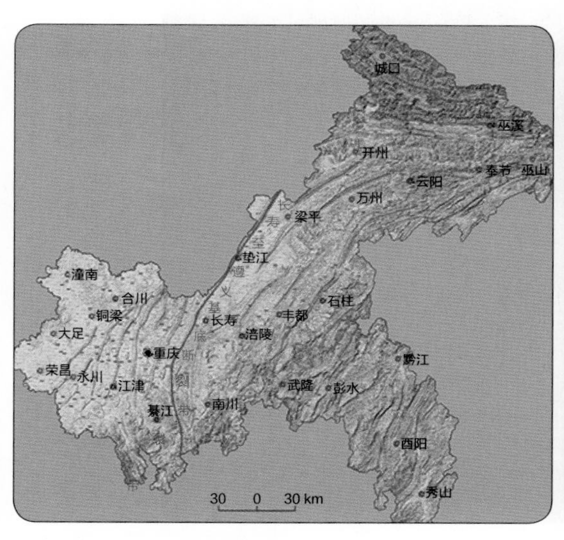

长寿—遵义基底断裂带

（图片来源：谢斌）

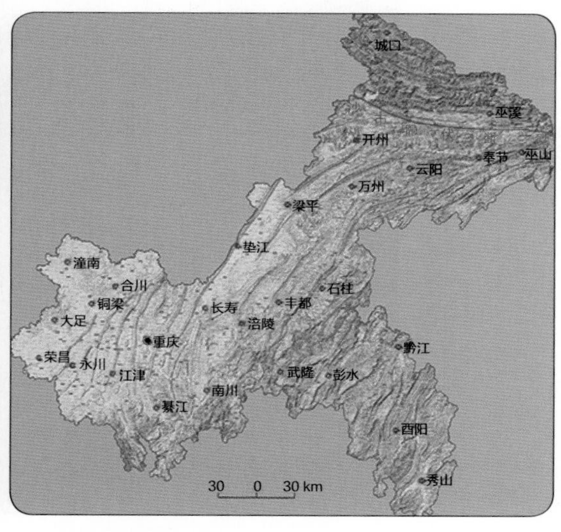

沙市隐伏断裂带

（图片来源：谢斌）

98. 重庆最有特色的褶皱——帚状褶皱

帚状褶皱是指一系列褶皱呈弧形排列，一端收敛，另一端撒开，形如扫帚的褶皱群。它主要分布于重庆市渝中区西部及北部地区。它以华蓥山以北为收敛，向南西侧端不断撒开，形成如西山、云雾山、缙云山、中梁山等山脉聚群。重庆市北碚区、合川区、大足区、铜梁区、璧山区、江津区、渝中区和四川省广安市、邻水县等区县均位于以上帚状褶皱山脉之间。

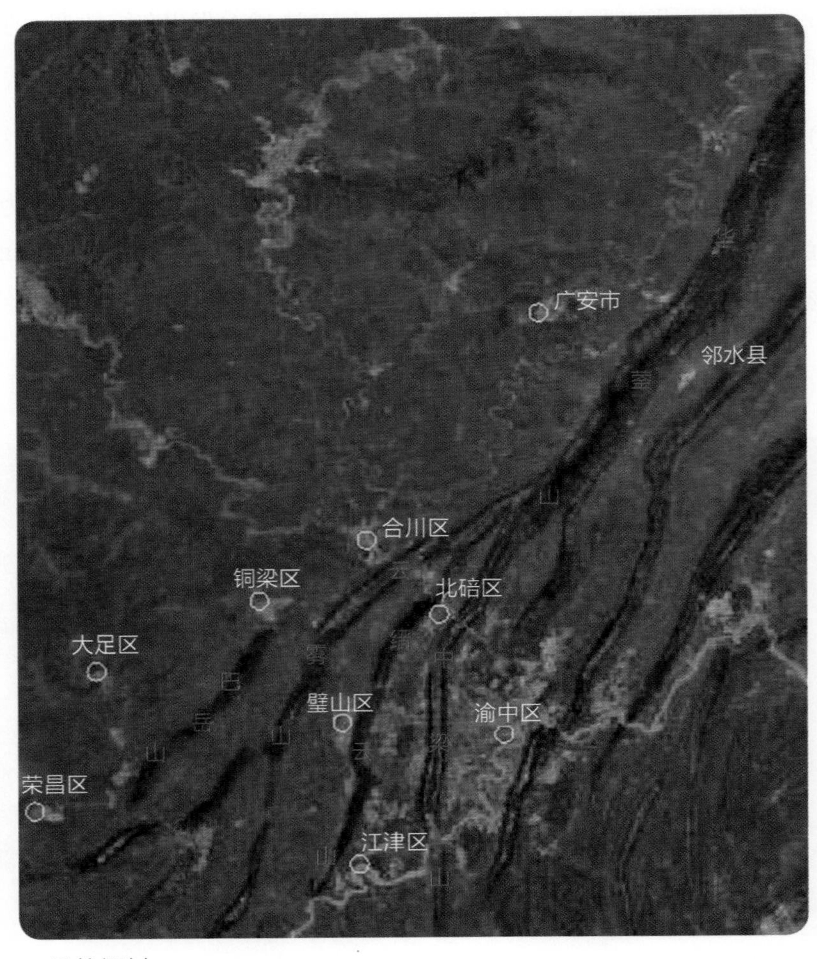

帚状褶皱

（图片来源：谢斌）

99. 对重庆现代地貌改造最大的构造运动——喜马拉雅运动

喜马拉雅山运动于 1945 年用喜马拉雅运动表示中国境内新生代的造山运动而得名。这一运动对亚洲地理环境产生重大影响。西亚、中东、喜马拉雅、缅甸西部、马来西亚等地山脉及包括中国台湾岛在内的西太平洋岛弧均告形成，中印之间的古地中海消失。这一运动使中国东西地势高差增大，季风环流加强，自然地理环境发生明显的区域分异：青藏隆起为世界最高的高原，古近纪的热带、亚热带环境被高寒荒漠取代；西北地区因内陆性不断增强而处于干旱环境；东部成为湿润季风区。

在喜马拉雅山运动之前，早白垩世至晚白垩世之间（距今约 1 亿年），重庆渝西至长寿、垫江等地周围褶皱成山，内部地层也发生大规模的变形，出现一组北东向的褶皱。四川呈现东高西低的古地貌，在西南部存在咸化湖泊。该时期河流以内流水系为特征，未形成今天的长江。巫山至重庆江津段的水系是以七曜山、巫山山脉为主要分水岭，由巫山向江津方向流，分水岭的东面的水系是往东流。喜马拉雅运动使周围山地再次上升（最强烈的时期距今约 0.25 亿年），致使印支—燕山期构造及地貌受到改造和破坏，遭受剥蚀。同时，从江汉盆地西缘逐渐向西溯源侵蚀及河流袭夺作用，使长江切穿七曜山、巫山山脉为主的分水岭，滚滚东流，完成了统一的长江水系。从此，重庆地区内流盆地转变为外流盆地。长江两岸的山脉风化剥蚀加强，南北向水系发育，形成今天的水平溶洞、多级河流阶段。据资料表明，今天长江两岸的滑坡、崩塌也跟喜马拉雅运动抬升及当代人类活动有密切关联。

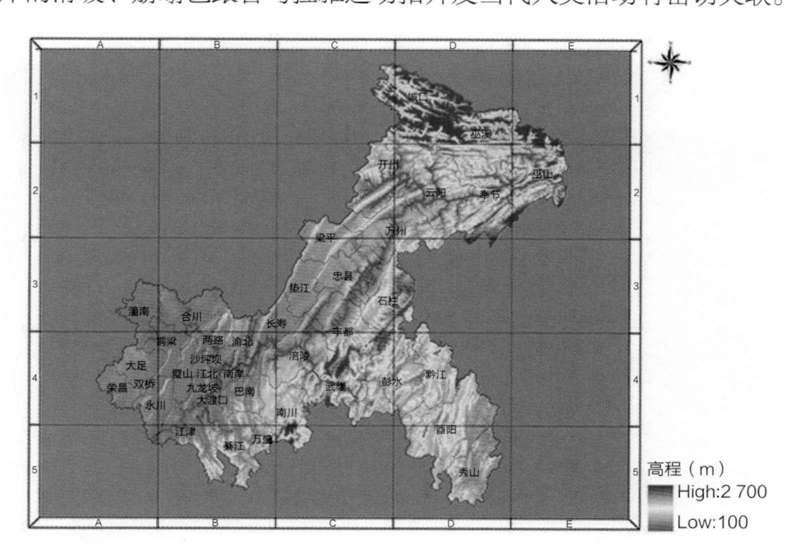

重庆市地貌形态图

（图片来源于《重庆市地质遗迹资源调查评价报告》，2013 年 12 月）

七、其他类之最

100. 重庆最早的人类化石遗址——巫山龙骨坡

重庆长江南岸的重庆市巫山县庙宇镇龙坪村西南坡有一处重庆最早的古人类化石遗址，这就龙骨坡巫山人遗址，又称“巫山猿人遗址”。

这处遗址最早发现于 1984 年，而后经过多次科学考察，陆续发现了古人类下颌骨化石、直立人上门齿和精致典型的石制品。经研究，这里发现的人类化石被命名为直立人巫山亚种，俗称“巫山人”。这些重大发现在世界学术界、考古界掀起了一次有关人类起源的大讨论，并将遗址分为三大地质文化层，跨度为 20 多万年。意味着巫山古人在龙骨坡山洞生活了近 20 万年的时间。

据古地磁学证据，遗址含人类化石地层的绝对年龄是距今 2.04 百万 ~ 2.01 百万年前，这表明巫山人及龙骨坡巫山人遗址是目前欧亚大陆最早的古人类遗址。龙骨坡遗址的重大发现，填补了中国早期人类化石空白，将人类起源的时间向前推进了 100 多万年，对于研究人类起源具有极为重要的科学价值。从这里可以得知，生活在 200 万年前的巫山人就地取材制作石器，石料以石灰岩的天然砾石为主，尚未学会用火，茹毛饮血，群居生活，以穴居为主。

巫山龙骨坡猿人遗址

（照片来源于网络）

101. 重庆最早的矿区铁路——天府煤矿北川铁路

北川铁路建成于 1933 年，地处北碚区文星乡和戴家沟境内，自嘉陵江左岸的白庙子起东北行，经水岚垭、麻柳湾到达万家湾，经文星场、后丰岩而至郑家湾，过土地垭、戴家沟、大岩湾，直趋终点大田坎，共 11 个站，全长约 16.8 km。修建该铁路是为了将天府煤矿的煤通过铁路运送到嘉陵江边，再由船运出。1925 年，由江北、合川士绅唐建章、李云根、张艺耘等人，倡议修建轻便铁路，用火车代替人力挑运，但由于筹款缓慢、路基征地等问题迟迟不能动工。1927 年，卢作孚到任后，极力促成组建起了北川民业铁路股份有限公司，定股本总额为 30 万元，推选卢作孚为董事长，聘请原胶济铁路总工程师丹麦人守尔慈为北川铁路总工程师，唐瑞五为副总工程师。1931 年，卢作孚接任董事长职务后，更是多方策划和精心指导，从而加快了修路工程的进展。整个工程分三期进行，建成一段通车一段。1928 年 11 月至 1929 年 11 月，水岚垭至土地垭段，全长 8.7 km 建成通车；1930 年至 1931 年 5 月，水岚垭至白庙子和土地垭至戴家沟两段合计长 4 km 建成通车；1933 年 6 月至 1934 年 3 月，戴家沟至大田坎段全长 4.1 km 建成通车。从此，南起嘉陵江北岸的白庙子，北止大田坎，全长 16.8 km 的北川铁路实现了全线通车，最终完成了当时四川第一条铁路——北川铁路。1952 年，戴家沟以上煤矿失去开采价值，大田坎—戴家沟一线拆除。1968 年，随着天府煤矿新矿区的开发，北川铁路全线拆除，完成了它的历史使命。

北川铁路及运煤场景

（照片来源于网络）

102. 重庆最早的地质研究机构——中国西部科学院

重庆最早的地质研究机构为 1930 年卢作孚先生创办的中国西部科学院。院址初设重庆市北碚区火焰山东岳庙，1934 年院部及理化所迁往北碚区文星湾惠宇。当时的中国共有 3 家科学院，天津和大连的科学院分别由英国人和日本人举办，只有中国西部科学院是由中国人自己创建的。

其创始人卢作孚先生自任院长，下设理化、地质、生物、农林 4 个研究所，同时兼办图书馆（现北碚区图书馆）和学校（现兼善中学）以及一批工矿实业。

抗日战争全面爆发后，随着国民政府迁往重庆，大批国内知名科学家随同中央研究院来到北碚，许多社会名流如梁漱溟、晏阳初、老舍、梁实秋、竺可桢等都曾在北碚工作过。中国西部科学院不仅尽其所能帮助来渝的学术科研机构迅速恢复了工作，而且还与在北碚的科学家们一道，冒着敌机的狂轰滥炸，日夜攻关，解决战时的科技难题，为夺取抗战胜利和战后建设作出了重大贡献。

中国西部科学院旧馆景观

（照片来源于重庆市自然博物馆网站）

1943年，由中国西部科学院及在渝的中央研究院、经济部、农林部、教育部所辖13个科研院所联合发起筹建中国西部科学博物馆，博物馆的陈列馆就设在中国西部科学院大楼（惠宇楼）内。筹备处公推著名地质学家、后任国民政府行政院副院长的翁文谭先生和卢作孚任筹备委员会正、副主任委员。博物馆设总务、工矿、农林、生物、地质、医药卫生、气象、地理7个组。据不完全统计，40余位国内著名科学家参与了博物馆筹建，包括黄汲清、赵九章、杨钟健、王家楫等14位中华人民共和国成立后的中科院院士和学部委员在中国西部科学院工作过。这批专家学者后来成为我国相关学科的创建人，为新中国科学事业作出了巨大贡献。如今天的四川省攀枝花市的钒钛赤铁矿就是在这个科学院工作的同志发现的；黄汲清先生在该院指导完成了中国第一个地形浮雕的制作。1949年重庆解放后，中国西部博物馆由西南文教部接管，1952年改名为西南人民科学馆，1953年并入西南博物院自然博物馆。1991年重庆自然博物馆恢复独立建制，中国西部科学院旧址成为其陈列馆。

2006年5月，中国西部科学院旧址被国务院公布为全国重点文物保护单位。先后被中国科协、重庆市委市府、北碚区命名为青少年科普和德育教育基地以及爱国主义教育基地。目前，该馆新馆位于重庆市北碚金华路398号，并于2015年11月9日开馆，所有展览免费向公众开放，也是全国第二大综合性自然博物馆。

重庆自然博物馆新馆

（照片来源于重庆市自然博物馆网站）

103. 重庆最有特色的观赏石

重庆是著名的山水城市。重庆城在山中，山在水上，山环水绕，浑然天成。独特的山水环境涵养、琢磨出重庆独特的观赏石灵韵。重庆最有特色的观赏石莫过于长江石、嘉陵江石、乌江石和巴南响石等。

1）长江（三峡）石

青藏高原复杂的地质结构为长江石提供了石质细腻、色彩丰富、图文并茂的“原材料”。金沙江、岷江、大渡河、青衣江都具备流量充沛、落差巨大、河谷狭窄的特点，自然形成了一条理想的“自动加工线”。当金沙江、岷江在宜宾汇合进入四川盆地后，江水流速减缓，四川、重庆的丘陵峡谷中，长江龙行蛇游，那些从高原上被江水带来，经过江水“加工”过的卵石，沿江两岸沉积下来。

长江石的特点是雄秀相兼。长江石资源丰富，据专家统计，主要石种大类就有20多种，以色艳、质细、意妙、形奇为其特色，富有极高的观赏价值，在中华石文化中占有重要地位。

三峡石是产于长江三峡地区内各种奇石的总称，也就是指重庆奉节县的白帝城，东至湖北宜昌市的南津关，由瞿塘峡、巫峡、西陵峡这一带出产的石头的总称。长江三峡既是一座天然地质博物馆，又是一座天然奇石艺术宫。三峡石主要分布在峡江两岸的溪流河谷或崇山峻岭中。石源来自长江上游冲积到此和该区古老的前震旦系变质岩、沉积岩和前寒武纪侵入花岗岩。三峡石种类繁多，暂时发现的奇石种类多达200种以上，如纹理石、色彩石、化石、矿物晶体等（还包括纤夫石和石器等具有文化特点的石头）。在形态、色彩、纹理、神韵等方面颇有特色，景致高贵典雅，犹以三峡图画石、清江石和宜昌幻彩红景观石最为独特。

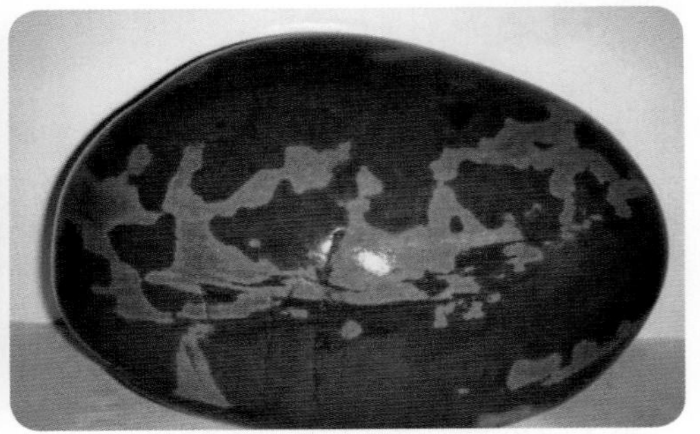

长江（三峡）石

（照片来源于网络）

2）嘉陵江石

嘉陵江石大如斗、小如拳，外形千姿百态；纹理清晰、构图逼真；色调五颜六色，以黑、白、黄、红等为主或相互交织，似行云流水般变化万千，妙趣横生。其中部分卵石硬度较高，视感、手感特别好，尤其以玉髓、墨金石、孔雀石、白珊瑚石等被石友所珍爱。

3）乌江石

乌江发源于贵州乌蒙山，于重庆涪陵注入长江。流经武隆境内有 80 余 km，在开阔的溪流交汇处常形成河漫滩，从江口到羊角一段有 6 个较大的河漫滩，是乌江石的重要储藏地。

乌江石质地坚硬，成形难度较大，有一定造形的乌江石，其观赏价值相当高。一般以图纹石为多，颜色以黑白为主，红、黄、绿等色少见，构成图案有人物、花、鸟、虫、鱼等，惟妙惟肖，天然成趣，尤其颜色意境兼有者更佳。

嘉陵江石

重庆乌江石

（照片来源于网络）

4）巴南响石

巴南响石早在清朝的《巴县志》中便有记载："响石，中有子，摇之，声如玉沙，可已目疾。"据说，当时朝廷官员甚至将响石作为礼品赠客。

响石分布带位于重庆巴南区丰盛场镇 1 km 外的铁瓦寺山，长约 3 km。响石和普通石头混杂在一起，小的如蚕豆，大的如油橙，外观颜色上并没有区别。摇晃石块，石内会发出"叮叮咚咚"的悦耳撞击声。响石被当地人分为两种：一种是石头体内含有颗粒，当地人称为石响石；一种是石头体内含有液体，则被称为水响石。对于响石的形成原因，目前学术界还没有统一认识。普遍认为是含菱铁质的泥质岩层里，分布着一些土质结核。当结核因某种情况露出地表后，菱铁质逐渐渗出外溢，并在结核外层形成褐铁矿壳，内部泥质因失水而体积缩小，并在泥质体与外壳之间形成空心，内部泥质脱落小块，所以能在摇动时发出声响。

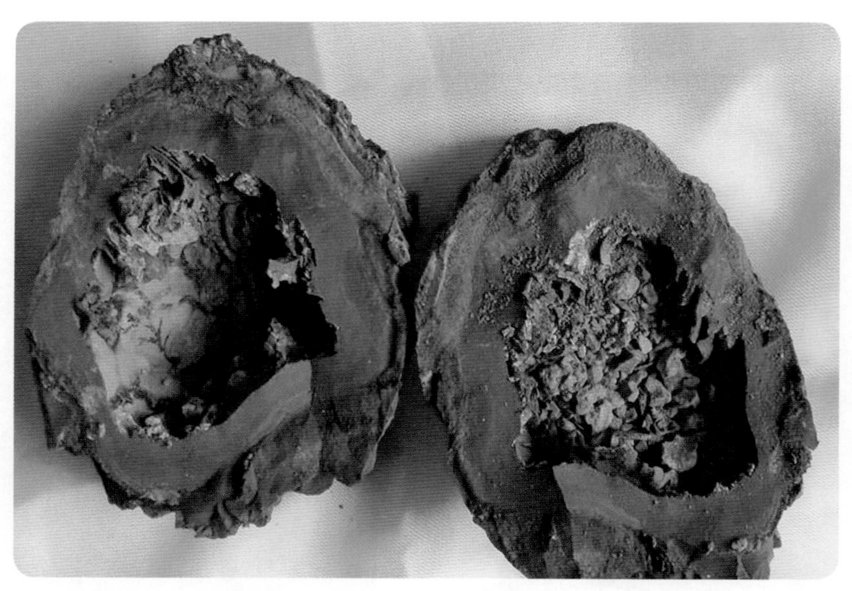

巴南响石

（照片来源于网络）

参考文献

[1] 重庆市地质调查院 . 中华人民共和国重庆市区域地质志 ,2016.

[2] 重庆市地质环境监测总站 . 重庆市地质遗迹资源调查评价 ,2013.

[3] 重庆市地理信息中心 . 重庆地理之最地图 ,2016.

[4] 重庆市地勘局 208 水文地质工程地质队 . 重庆石柱七曜山国家地质公园综合考察报告 , 2015.

[5] 杨式浦 . 遗迹化石的古环境和古地理学意义 [J] . 古地理学报 ,1999 (1) :7-19.

[6] 杨式溥 , 张建平 , 杨美芳 . 中国遗迹化石 [M] . 北京 : 科学出版社 ,2004.

[7] 中国科学院南京地质古生物研究所 . 西南地区地层古生物手册 [M] . 北京 : 科学出版社 ,1974.

[8] 西南地质科学研究所 . 古杯动物门 西南地区古生物图册 四川分册 [M] . 北京 : 地质出版社 ,1978.

[9] 张文堂 , 袁克兴 , 周志毅 , 等 . 西南地区碳酸盐生物地层 [M] . 北京 : 科学出版社 , 1979.

[10] 袁克兴 , 章森桂 . 古杯动物门 , 中南地区古生物图册 (一)[M]. 北京 : 地质出版社 ,1977.

[11] 袁克兴 , 章森桂 . 峡东地区震旦纪至二叠纪地层古生物 [M] . 北京 : 地质出版社 ,1978.

[12] 董枝明 , 周世武 , 张奕宏 . 见 : 中国古生物志 : 总号第 162 册 新丙种第 23 号 四川盆地侏罗纪恐龙化石 [M] . 北京 : 科学出版社 , 1983.

[13] 周世武 , 张奕宏 , 潘洁 , 等 . 重庆自然博物馆研究论文集[C]. 重庆 : 重庆出版社 ,2002.

[14] 谢家荣 , 赵亚曾 . 湖北西部罗热坪志留系之研究 [J] . 中国地质学会志 ,1925,4 (1): 39-44.

[15] 郭英海 , 李壮福 , 李大华 , 等 . 四川地区早志留世岩相古地理 [J] . 古地理学

报，2004，6 (1): 20-29.

[16] 李越 . 华南晚奥陶世至早志留世生物礁的演化历程 . 见：戎嘉余，方宗杰主编 . 生物大灭绝与复苏——来自华南古生代和三叠纪的证据 [M] . 合肥：中国科学技术大学出版社，2004.

[17] 张锋，等 . 重庆綦江中侏罗世木化石群的发现及其科学意义 [J] . 古生物学报，2015，54（2）:261-266.

[18] 张锋，等 . 重庆綦江古剑山上侏罗统蓬莱镇组木化石群的发现及其科学意义 [J] . 古生物学报，2016（2）:207−213.

[19] 张锋 . 永川龙——侏罗纪的霸主 [J] . 生物进化，2010（4）: 34-37.

[20] 杨钟健 . 合川马门溪龙 . 中国科学院古脊椎动物与古人类研究所甲种专刊，1972（8）: 1-30.

[21] 叶祥奎 . 中国古生物志：总号第 150 册 新丙种第 18 号 中国龟鳖类化石 [M] . 北京：科学出版社，1963:1.

[22] 张锋 . 重庆木化石资源状况与保护 [J] . 自然科学与博物馆研究，2015（10）:41-49.

[23] 张锋 . 重庆自然博物馆 [J] . 生物进化，2009（3）:56-60.

[24] 刘虎 . 探秘中国首座地下超级水库 [N/OL] . 长江商报，2015-05-04 [2016-04-15] . http://www.changjiangtimes.com/2015/05/501569.html.

[25] 重庆市地勘局 208 水文地质工程地质队 . 重庆市北碚区静观镇 ZK1 井地热水资源勘查评价，2011.

[26] 重庆市地勘局南江水文地质工程地质队 . 重庆市江津区珞璜镇地热水资源详查评价，2012.

[27] 重庆市地勘局南江水文地质工程地质队 . 重庆市万州区长滩镇地热资源可行性勘查论证，2011.

[28] 赵世龙 . 发现大三峡：十年探明世界最长暗河 [N/OL] . 时代周报，2012-08-09 [2016-04-15] .http://qiyuan.youth.cn/ttxw/201208/t20120817_2364100.htm.

[29] 刘峰 . 湖北省恩施市板桥暗河管道系统特征及成因分析 [D]. 成都：成都理工大学，2015.

[30] 重庆地质矿产研究院 . 重庆市武隆县羊角镇盐井峡地热水详查评价报告，2013.

[31] 重庆市国土资源和房屋管理局，重庆市三峡库区地质灾害防治工作领导小组办公室．重庆市三峡库区地质灾害应急抢险项目材料，2016.

[32] 重庆市地质环境监测总站．重庆市特大型滑坡调查与风险评价报告，2016.

[33] 重庆市国土资源和房屋管理局．重庆市地质灾害典型案例汇编，2016.

[34] 重庆地质矿产研究院．重庆市矿产资源潜力评价铅锌矿资源潜力评价成果报告，2011.

[35] 重庆市国土资源和房屋管理局，重庆市地质调查院．重庆市 2011—2015 年矿产勘查成果集成，2016.

[36] 重庆市地质矿产勘查开发局川东南地质大队．长江三峡地区的新构造运动及库区地壳稳定性调查评价（万县幅 1:250000 区域地质调查专题研究），2006.

[37] 重庆市地勘局川东南地质大队，重庆地质矿产研究院．重庆市重要矿种区域成矿规律研究成果报告，2013.

[38] 重庆市地质矿产勘查开发局 107 地质队．重庆市南川川洞湾—灰河—大佛岩铝土矿区详查地质报告，2006.

[39] 重庆市地质矿产勘查开发局 208 水文地质工程地质队．重庆市云阳县黄岭矿区岩盐详查地质报告，2016.